OUT THERE

A Scientific Guide to Alien Life, Antimatter, and Human Space Travel (For the Cosmically Curious)

Michael Wall, PhD

Senior Writer, Space.com

GRAND CENTRAL PUBLISHING

NEW YORK BOSTON

Grand Central Publishing
Hachette Book Group
1290 Avenue of the Americas, New York, NY 10104
grandcentralpublishing.com
twitter.com/grandcentralpub
First Hardcover Edition: November 2018
Grand Central Publishing is a division of Hachette Book Group, Inc. The Grand Central Publishing name and logo is a trademark of Hachette Book Group, Inc.

Library of Congress Cataloging-in-Publication Data
Names: Wall, Michael (Biologist), author.
Title: Out there : a scientific guide to alien life, antimatter, and human space travel (for the cosmically curious) / Michael Wall, PhD (senior writer, Space.com).
Description: New York : Grand Central Publishing, [2018] | Includes index.
Identifiers: LCCN 2018022905| ISBN 9781538729373 (hardcover) | ISBN 9781549168482 (audio download) | ISBN 9781538729380 (ebook)
Subjects: LCSH: Life on other planets. | Extraterrestrial beings. | Outer space--Exploration.
Classification: LCC QB54 .W178 2018 | DDC 576.8/39--dc23
LC record available at https://lccn.loc.gov/2018022905
ISBNs: 978-1-5387-2937-3 (hardcover), 978-1-5387-2938-0 (ebook)
Printed in the United States of America
LSC-C/Coral
10 9 8 7 6 5 4 3 2 1

OUT

A SCIENTIFIC GUIDE TO ALIEN LIFE, ANTIMATTER, AND HUMAN SPACE TRAVEL

(FOR THE COSMICALLY CURIOUS)

（供宇宙奇想者参考）

THERE

[美]迈克尔·沃尔 博士 —— 著 张兵 —— 译

CTS | 湖南科学技术出版社

献给泰迪

穹顶之外

目录
CONTENTS

导 言

埃尔维斯·普雷斯利逝世两天后，天文学家杰瑞·埃赫曼（Jerry Ehman）正坐在他的厨房餐桌旁，瞪大眼睛研读着电脑打印出来的一大堆杂乱无章的数字和字母。[1]他可不是在探究猫王意外身亡的原因；这就是他的工作。嗯，方法有点相似。这些海量的数据是由俄亥俄州立大学的“硕耳”（Big Ear）射电望远镜收集的，埃赫曼自告奋勇在庞杂的数据中搜寻有趣的模式。

在一团乱麻的数据中，一串垂直的符号吸引了埃赫曼的注意：6EQUJ5。令人惊讶的是，他用红笔围绕着这个微型柱体画了一个圈，并在页边空白处用可爱的、环状笔迹写下了一个英文单词“Wow!”（“哇！”）。

① 译注：埃尔维斯·普雷斯利（Elvis Presley，1935—1977），美国摇滚歌手、演员，即大家所熟知的“猫王”。

这个标志性的瞬间能够以如此赏心悦目的方式成为永恒着实令人高兴。如果这个词是用我母亲那枯瘦、歪斜的字迹潦草写就的，故事就没那么完美了。

6EQUJ5 是一组描述某个无线电信号的代码，于三天前（即 1977 年 8 月 15 日）发过来的。众所周知，埃赫曼发现“Wow!”信号的强度很高，波长范围很窄，持续了 72 秒，可能发自宇宙深处。（这是“硕耳”望远镜所能持续观测遥远宇宙目标的时长，因为地球的自转随后会将另一片天空推入视野之中。）所有这些都与外星文明的信号传播特征相一致。

然而，事实却远不止于此。“Wow!”信号的频率是 1420 兆赫——正巧处于“水坑”（water hole）的范围之内。“水坑”是一个极狭窄、射电宁静的频率区间。许多天文学家都曾预测，外星人会用该频段来联系我们。[②]“水坑”的名字源于它所代表的频段正处在宇宙中自然生成的氢原子（H）与羟基（OH）分子两者的最大能量频率之间，而这两者结合又形成水。此外，还有个笑话：水坑会引发交谈，就像办公室的饮水冷却机那样。[③]（如果你喜欢观看自然类节目，那么“水坑”可能会让你联想到牛羚在水面不断缩小的泥潭边被狮子或鳄鱼伏击的场景。倘若外星人对我们心怀不轨，这一场景也会真实地发生在我们身上。）

---

② 译注：水坑，又称“水洞”，指在电磁波谱从 1420~1666 兆赫之间极度沉寂的波段，所对应的波长分别为 21~18 厘米。羟基谱线的最强辐射位于 18 厘米处，而氢线的最强辐射位于 21 厘米处，而水正是由这两种基团组成的。该术语是由伯纳德·奥利弗在 1971 年提出。

③ 译注：办公楼里一般都安装有饮水冷却机（water cooler），通常就安放在员工的休息室中，大家可以去那里聚会，喝杯咖啡或茶，闲谈一番，从紧张的工作中休息一下。所以“饮水冷却机旁的闲谈”现在泛指在办公室中的各种非正式交流。

这的确引人遐思，但是天文学家却需要获得更多的信息，才能对“Wow!”信号下任何定论。首先，他们需要对其进行再次观测。于是，埃赫曼和他的同事们借助“硕耳”望远镜做了一次又一次的尝试。一无所获。其他天文学家也试图利用各种不同的望远镜进行搜寻。信号却再无声息。几十年来，研究人员一直在努力，但从没有人受到过幸运女神青睐。“Wow!”信号昙花一现，成为黑暗中独此一声的呐喊。

那么，它是怎么一回事？一个诡异的、孤立的自然事件？以某种方式伪装成深空信号的地面干扰？抑或是，抱着一线希望，是外星人自黑暗和寒冷的宇宙深处发送过来的一声“你好”呢？

“我认为尚不可下定论，”埃赫曼说，“我很沮丧，因为我无法在现有的基础上得出更多的结论。”

虽然“Wow!”信号仍然是宇宙独角兽般的存在，但自从40年前探测到它以来，形势有了翻天覆地的变化。彼时，天文学家只对围绕太阳运转的行星有所了解。科学家们普遍认为，生命如同一个依赖信托基金过活的孩子那样贪图安逸，对于温度、压力和pH值的浮动区间要求极为严格。[④] 如今，我们知道宇宙中行星的数量多过于恒星，而许许多多的外星世界可能与我们的星球看起来很相似。但即使我们从未找到过地球的孪生兄弟，这也不一定意味着我们在宇宙中是孤独的。微生物学家已

---

④ 译注：“依赖信托基金过活的孩子”（trust-fund kid(s)）通常指父母将一笔钱（一次性或分期）预存入信托基金，由信托机构管理，以保证子女在设立者死后也能有生活保障。对受益人一般会有一些限定条款，比如达到多少年龄之后才能动用（一般是18或者21岁），只能每年固定提取多少钱而不是一次性提空，等等。

经发现，在我们这个星球上体形最微小的居民当中，很多都具备令人难以置信的坚韧，他们能在沸腾的热泥盆、南极冰层下的寒池以及碱性之强能腐蚀掉火烈鸟腿上皮肤的碱湖中存活。生命的生存场所几乎有着无穷可能性。

对于地外生命的搜索已经由与科幻相仿的外围进入主流学术，并登上了全球新闻报纸的头版。科学家们正在勤奋地寻找外星生命，随着新一代强大望远镜即将在地表和太空中部署，他们还会加大努力。兴奋和乐观情绪蔓延开来。

康奈尔大学天文学副教授兼校属卡尔－萨根研究所（Carl Sagan Institute）所长丽莎·卡尔特内格（Lisa Kaltenegger）说："如果什么也找不到，那才是最令人诧异的事情。"卡尔特内格主要致力于在外星大气中寻找生物印记，一般来说，就是搜寻微生物之类的"简单"生命的存在证据。

不过，埃赫曼对找到智慧外星人同样看好。他说："如果把宇宙中的所有星系都囊括在内，我相信可能会存在数百万或数十亿个地外文明。"

伴随着搜寻地外生命的努力逐渐升温，人类对于将自己的足迹在太阳系中扩散的热情也在持续高涨。

美国宇航局计划将宇航员重新送上月球，后面还要将他们送往火星；欧洲航天局对建立国际"月球村"感到非常兴奋。[5] 与此同时，私营部门

⑤ 译注：美国宇航局（NASA）的全名为"美国国家航空航天局"（National Aeronautics and Space Administration），后面的译文为了行文简洁，统一使用该汉语简称。

也积极行动起来。由亿万富翁伊隆·马斯克（Elon Musk）和杰夫·贝索斯（Jeff Bezos）分别领导的太空探索技术公司（SpaceX）和蓝色起源公司（Blue Origin）正在忙于发射、回收、再发射火箭，向世人展示了技术可以大幅削减航天飞行成本。这些技术使得我们首次得以用一种有意义的方式离开地球这块岩石。

马斯克希望在火星上建立一个拥有百万人口的城市。贝索斯希望实现数百万人在太空中生活和工作，前往迄今为止人类尚未探索过的方位，其中大概不包括太阳表面、黑洞内部以及罗慕伦战舰的厨房。[6] 许多公司定下目标：在未来几年内开始开采小行星和月球中的矿石。我们已经开始利用发射到国际空间站的机器，在远离地球的地方制造物品了。

月球快车公司（Moon Express）的首席执行官鲍勃·理查兹（Bob Richards）表示："千年以后，当那时的人们回顾过去，他们会把这件事看作是转折点——人类自此转向了横跨众多星球的航天文明。"该公司的目标是在月球表面提供机器人运输服务，并在月球乃至太阳系中的其他天体上采矿。正在太空中进行的事情还有很多，宇宙内可供游览的地方也不少。在本书中，我们将去往宇宙深处稍做参观，就地外生命这个话题，提一些恰当的（以及一些不恰当的）问题：他/她确实存在吗？如果存在，为什么要这么害羞？外星人过性生活吗？此外，我们也将触及人类推动另一次巨大飞跃的努力：我们会在火星上殖民吗？我们有能

⑥ 译注：罗慕伦（Romulan，也译罗慕兰），是科幻电视剧《星际迷航》中虚构的外星种族，是瓦肯人的分支种族。特征是性情暴躁、狡猾及见风转舵。他们是支配着银河系第二象限（Beta Quadrant）的一大帝国罗慕伦帝国的种族。

力进行星际旅行吗？我们是否真的可以回到过去，用锥子扎希特勒的脖子吗？

喋喋不休的导读到此为止。让我们开始吧！

第一编

穹顶之外有什么？

第1章
他们都在哪儿呢?

1950 年，恩里科·费米（Enrico Fermi）和一些同事在午休期间讨论不明飞行物（UFO）。费米既是一名物理学家，也是一名诺贝尔奖得主，他领导的团队建造了史上第一台核反应堆——名字不起眼的“芝加哥一号堆（Chicago Pile-1）”。随着聊天的继续，费米问他的同伴：“他们都在哪儿呢？”

费米的言外之意是：至今无地外生命拜访地球显然很奇怪。银河系不仅拥有数千亿颗恒星，还大约有 130 亿年的历史，因此外星文明有足够的时间和机会在整个银河系中兴起并扩散。据一些人估计，热衷于殖民的物种尽管拥有的推进技术可能并不比我们先进多少，但却可以在短短几百万年的时间里，通过“岛屿跳跃”的方式到达银河系的每一个角落。

物理学家的这个简单问题现在被奉为“费米悖论”，与“鳄鱼悖论”一道并列为有史以来最酷的两条悖论，至今仍困扰着科学家们。事实上，多年来这个谜团业已愈发难解了。首先，我们如今所讨论的内容已经超出外星人不曾在地球现身这个话题了。1960 年，也就是费米去世的 6 年后，天文学家弗兰克·德雷克（Frank Drake）在西弗吉尼亚州的绿岸天文台（Green Bank Observatory）将射电望远镜对准邻近太阳系的类日恒星“天仓五（Tau Ceti）”和“天苑四（Epsilon Eridani）”，开始搜寻地外智慧生命（search for extraterrestrial intelligence，SETI）。①近 60 年后，致力于 SETI 的科学家们仍在寻找证实地外生命窥探我们的首个证据。

其次，“系外行星”革命方兴未艾。在费米时代及之后的几十年中，外星世界一直都是纯粹的假设。

直到 1992 年，科学家们才在确认无疑后宣布在太阳系以外探测到一颗行星。但在过去 10 年左右的时间里，美国宇航局的开普勒太空望远镜以及其他天文仪器已经发现，宇宙中充满了可能适合生命生存的行星。开普勒天文望远镜的发现显示，银河系中大约 20% 的类日恒星在“宜

① 德雷克于 1961 年提出了一种方法，来估算可能处于活跃状态、能在整个星系内开展通信的外星文明的数量。著名的德雷克方程（Drake equation）考虑了恒星形成率及一些关键变量，例如拥有自己行星的恒星所占比重；适合生命居住的行星的比例；实际拥有生命的行星数量；具备通信能力的智慧文明所占据的行星数量；以及这些文明持续向宇宙发出信号的时间长短。当然，由于我们对德雷克方程中的许多数值一无所知，因此据此得出的估算值可能千差万别。

居带”中拥有一个与地球大小相似的行星。宜居带指的是与恒星的距离刚刚好的轨道范围，若你身处其中，几乎可以全年穿着人字拖鞋四处闲逛。银河系中红矮星的比例几乎与之相近。红矮星是银河系中占据主导地位的一种恒星，体积小，光芒暗淡。（银河系中大约75%的恒星都是红矮星，而与我们的太阳相似的恒星只占10%左右。）

射电天文学家吉尔·塔特（Jill Tarter）说：“在穹顶之外有很多不动产，我们直到现在才知道。”塔特是SETI研究所（坐落于加利福尼亚州山景城）的创办者之一，同时她也是卡尔·萨根（Carl Sagan）所创作小说《接触》（*Contact*）中的主角艾莉·阿罗维（Ellie Arroway）的灵感来源。这篇小说还被拍成电影搬上了大银幕。

然而，并非所有的不动产都位于“郊区”。半人马座中的比邻星（Proxima Centauri）是离太阳最近的邻居。它是一颗红矮星，在其宜居带内有一颗与地球大小类似的行星。红矮星TRAPPIST-1周围环绕着七颗岩质行星，按照宇宙的衡量尺度，该星距离我们不远。其中三颗行星可能适合我们所知生命的生存。（比邻星和TRAPPIST-1分别距离地球约4.2光年和39光年。而整个银河系大约有10万光年之广。）

问题又来了：他们都在哪儿呢？天知道。费米悖论比巴西坚果更加棘手，科学家们至今无法破解。原因并不在于科学家们所做的尝试不够多。相反，他们提出了数百个假设来解释。正如物理学家斯蒂芬·韦伯（Stephen Webb）在他的《假如宇宙中充满了外星人，那他们都在哪儿呢？》（*If the Universe Is Teeming with Aliens, Where Is Everybody?*）一书中所指出的那样，尽管这些假设各不相同，但它们都包含了若干基本可能性。这些解释可分为三大类，让我们逐个了解一下。

可能性 1：哪有什么悖论？

外星智慧生命早已与我们混杂在一起了。

当我把费米悖论放在与深受喜爱的鳄鱼悖论平起平坐的地位上时，你可能已经满腔恼火或愤怒地走开了。也许你现在正在翻阅一本已经卷角的《众神的战车》（*Chariots of the Gods*）？或者正在YouTube上观看《解剖外星人》的剪辑片段，此片是福克斯于20世纪90年代播出一部电视专题片。

事实上，破解费米悖论的一个可能的方案是：它根本就不是悖论，因为外星人早已穿越宇宙来到地球。坚持这种解释的人经常谈及不明飞行物目击事件和外星人绑架人类的传说，相关话题可以翻到第 10 章阅读。就本书的目的而言，毋庸置疑，科学家们通常不会将此类报告中的任何一个视为证明外星生命存在的可信证据。（如果他们采信了，你肯定会听说过。）

还有更微妙的可能性存在。比如说，假如外星人很久以前——人类尚未出现时——就来到我们这个星球上呢？除非在宇宙中航行的外星人对我们特别感兴趣，否则上述情况出现的可能性要高于有记录的外星人造访，因为在地球 45 亿年的历史中，人类这个物种仅仅诞生于 20 万年以前，并且只有在近几十年中才有能力拍摄遭遇外星人的模糊不清、光线暗淡的影像。

且让我们放纵想象力，做一些疯狂而有趣的猜测！比如说，亿万年以来，地球已经被贪得无厌的不同外星文明多次殖民，每个到来的外星文明都将地球上的本土物种碾为齑粉。（不要变得过于不可一世：在我们探索地球之时，人类开拓者往往会酿成生态浩劫。）正如天体物理学家和科幻作家大卫·布林（David Brin）所指出的那样，这样的压迫历史可以解释为什么我们的星球经过漫长的时间才出现智慧生命，以及为什么银河系内的邻居与我们一直保持无线电沉默。也许地球是周边若干光年范围内唯一一个从外星文明入侵的蹂躏中恢复过来的行星。

如果你微眯双眼思考一番就会发现，这一境况与科学家在化石记录中发现的五次物种大灭绝相吻合。这几次物种大清洗分别发生在大约 4 亿年前、3.5 亿年前、2.1 亿年前、2 亿年前以及 6600 万年前，其中以最后一次最为著名：一颗小行星撞击地球，消灭了四分之三的物种，其中包括恐龙。布林在 1983 年的一篇开创性的论文中写道："这可能并非无稽之谈。"他在该文中将各个物种灭绝事件发生的时间间隔与外星文明入侵并横扫地球的不同波次之间的时间间隔进行了比较。灭绝恐龙的小行星原来甚至可能是一种战争武器，由一个居住于太空的外星人派系出于不满而投掷向生活在地球上的同类的。

无论是布林抑或是我都不是在有意暗示：此种情况曾真实发生过。没有证据证明它曾经发生过——我们未曾在古老的琥珀中发现包裹于其中的宇宙飞船，也未曾找到过一座拥有 2 亿年历史的城市遗址——我当然不会在上面押注。但是，此事发生的可能性仍然存在。

可能性2：他们就在穹顶之外，但我们至今还没有发现他们

正如科学家和其他具有逻辑意识的人经常指出的那样，缺乏证据并不证明证据不存在。智慧外星人完全有可能此刻（或曾经）就在穹顶之外，只是我们还没有发现任何迹象而已。

例如，外星人之所以至今没有到访过地球，也许是因为到达这里着实太困难了。任何星际旅行所跋涉的距离都远得令人难以置信。半人马座比邻星距离太阳“只有”4.2光年。可是，这也近乎25万亿英里（40万亿千米）——相当于环绕地球10亿次，往返冥王星3450次，或在本地高中的操场跑道上慢跑100万亿次。凭借如今的火箭技术，航天器大约需要75000年才能抵达半人马座比邻星。地球上没有足够的蜂蜜烤花生和数独书能让旅行变得可以忍受。即使我们假设大脑血管密布且有规律鼓动的外星人已经开发出超快速的推进技术（与之相比，人类羸弱的装备显得相形见绌），但仍然存在一个大问题：能源。假设外星人如星际舰队（Starfleet）② 上的工程师一样，

② 译注：星际舰队是由美国派拉蒙影视制作的影视片集《星际迷航》中星际联邦的正规军队兼外太空探索部队。

知道如何制造“物质—反物质”引擎，可以将船速提高到光速的75%。物理学家劳伦斯·克劳斯（Lawrence Krauss）在他的著作《星际迷航里的物理学》（*The Physics of Star Trek*）中写道，采用此种技术在地球与半人马座比邻星之间往返一次所耗费的能源是美国全年能源使用量的10万倍以上。外星人想要探查我们的愿望真的那么强大吗？他们真的迫不及待地向古埃及人提供一些精巧的金字塔建造蓝图么？

或者，也许外星人只是不想干涉其他星球的生命发展，对崇高的“最高指导原则”[③]的贯彻比《星际迷航》宇宙中的柯克船长和他的船员们还要彻底。（还记得吗，在《星际迷航：原初系列》中有一集，“企业号”船员自告奋勇去摧毁机械神灵瓦尔（Vaal）？瓦尔在剧中看起来像个混蛋，现在看来依然如此。）外星人现在甚至可能正在观察我们，以监视我们的技术进步，弄清楚我们的生命机制，或让他们淘气的孩子忙上几个小时。

将这种推理更进一步后，一些思想家提出：我们以及可观测宇宙中的其他一切——是的，甚至包括爱情——可能是一台异常复杂的外星人计算机模拟运行的结果。一笑置之之前，考虑一下《堡垒之夜》[④]（*Fortnite*）

---

③ 译注：最高指导原则（prime directive）：凡星际舰队成员不得干涉一有知觉并居住于有正常文化发展且拥有自我慎思能力的环境下之外星种族生活与文化发展，前述之干涉行为包括将高等知识、力量、科技引进至向无能力和先进智慧掌控其发展之世界。星际舰队成员不得以拯救自身生命或船舰为由违反本条款，但若是在未告知该外星世界的情况下，改正另外违反本条款行为或处理因意外而产生之污染则不在本条款限制范围之内。当星际舰队成员执行任务时应将本条款置于最优先考量，并且负起应负之最高心理责任。

④ 译注1：《堡垒之夜》是游戏开发商Epic Games于2017年所发布的一款第三人称射击游戏。

是不是要比《汉堡时代》（*Burger Time*）[5]更好。这两款游戏的发布时间仅相隔35年，而假想中的外星人已经花费了数十亿年的时光才设计出令人惊叹的图形以及扣人心弦但又令人信服的故事情节。事实上，哲学家尼克·博斯特罗姆（Nick Bostrom）认为，我们陷入《黑客帝国》[6]式伪存在的可能性实际上相当高，不过前提是，在宇宙中存在着相当数量的超级高等文明，而且其中至少有一些文明出于娱乐或利益的目的，热衷于创造真假难辨的虚拟世界。沿着以上两种假设的思路，我们就会推导出：人工创造的宇宙或宇宙区域的数量将远远超过真实宇宙或区域的数量。

沿着类似的思路继续推导下去：也许外星人所掌握的高超技术已将其注意力从现实世界转移到虚拟世界，从而弱化了其探索宇宙或与潜在的邻居会面的愿望。（当高质量的虚拟现实色情片在市场上面世时，人类可能会屈服于这种命运。）

还有一些其他原因也可以解释高等外星人为什么会一直保持低调。“自我保护”一词跃入我们的脑海：他们是不是在试图避免被威震宇宙的恶霸所毁灭或奴役呢，比如像《星际迷航》中的博格人（Borg）或《星球大战》中的银河帝国（Galactic Empire）一样的存在？科学家们甚至认为，邪恶的外星人可能已经派出大量智能的、可自我复制的“狂战士”

---

⑤ 译注2：《汉堡时代》是Data East公司于1982年为其DECO卡带系统制作的一款平台跳跃类街机游戏。

⑥ 译注：《黑客帝国》是由华纳兄弟公司发行的系列动作片，在电影中现实世界是由“矩阵”（Matrix）计算机人工智能系统模拟出来的。

舰队进入银河系，捕捉无线电传输信号和智慧生命的其他迹象，并消灭他们所能发现的任何文明。

灭绝是另一种可能性。也许那些狂战士在亿万多年的时间里已经消灭了许多文明。或许，外星文明往往会在相对较短的时间区间内自取灭亡。毕竟，人类已经多次险些触发核浩劫，而且我们最近已经引发了全球物种的大规模灭绝，最终可能导致我们本身的消亡。然而，尽管如此，我们只花了一个世纪左右的时间便能向其他恒星发送信号。

METI 国际（METI International）的总裁道格拉斯·凡柯（Douglas Vakoch）表示，如果文明间的消息传递周期常规上仅有 100 年，“那么就如同两只萤火虫在漫漫长夜中每只各闪烁一次。”METI 国际的总部位于旧金山，是一个致力于天体生物学和 SETI 研究的非营利组织。[7] 两只宇宙萤火虫同时闪烁光芒的可能性当然不大。这对“萤火虫”来说是一件很悲哀的事实，不过与此同时，对任何希望抓住它们并将之装入罐子里的巨型太空怪物来说，这同样是一件伤心事。

外星人也有可能正在试图引起我们的注意，只不过我们还没有意识到而已。毕竟，人类搜寻外星信号的时间尚不到 60 年，在地球历史中所占的比例仅为 0.000001%，并且这还总是在预算不足的情况下开展工作的。

预算有多么紧张？美国政府为 SETI 项目拨款的总年数不到 25 年。

---

⑦ METI（messaging extraterrestrial intelligence）的意思是向地外智慧生命发送消息，这是一个充满争议的理念——人类应该主动联系潜在的外星文明，而不仅仅是被动地倾听。

美国宇航局于1992年开始了一项雄心勃勃的观测项目，但由于国会停止拨款，一年之后不得不中止。[⑧]SETI研究所和其他同类组织通常依靠私人捐款来保证照明和望远镜的监听。而捐款承诺并不总能兑现。2011年，SETI研究所不得不将它最重要的宇宙监听之“耳”——艾伦望远镜阵列（ATA）——闲置了4个月。ATA位于加利福尼亚州北部，共有42个碟形天线，在最初的计划中，ATA将由350个望远镜组成，但由于没有足够的资金，至今未完工。

鉴于此种情况和银河系的巨大规模，科学家尚未能够开展一项全面的SETI调查。他们甚至连调查的边都摸不到。

塔特经常打这样一个比方来解释这一困境：想象一下，为了找到鱼，你需要搜遍地球上的所有海洋，结果是趟进海浪里只舀起一杯海水。塔特说：“如果你那样做了，虽然这杯水没有舀起鱼，你仍然认为海里不会没有鱼。”“嗯，从数量上看，与我们可能需要开展的搜索量相比，我们已完成的搜索只相当于一杯海水。”

可能性3：我们是孤独的存在

甚至我们正在搜寻的信号类别都是错误的。到目前为止，SETI的搜

⑧ 出于某种原因，推动终止拨款的主导者内华达州参议员理查德·布莱恩（Richard Bryan）将SETI的研究方向描绘成了火星旅行。布莱恩在1993年说道：“伟大的火星征程最终要走到尽头了。”“截至今天，已经花费了数百万美元，可我们连一个小绿人都没有捕获到。没有哪个火星人说道：‘把我带到你们的领袖那里’，也没有哪艘飞碟获得过联邦航空局（FAA）的航行批准。”

索主要集中在无线电波上，其次是激光脉冲，因为这些是人类所掌握的技术。但是，仅在发明无线电波传输技术的一个世纪之后，我们却已抛弃了它。以往，为了让电视画面变得更清晰，我们会将捏成一团的锡箔固定在兔耳般的天线上。可是，你上一次这样做是什么时候？一个有着10亿年历史的外星人文明仍然会采用这样一种通信方式？抑或是采用我们所能理解的任何其他方式么？也许外星人是通过中微子发送信息的。中微子是一种奇异且数量难以计数的粒子，可以像亚原子“胡迪尼”[⑨]地雷一样不受阻碍地穿透行星。（在阅读上一句话的过程中，数以万亿计的太阳中微子从你的身体穿透而过。）也许外星人能进行心灵感应。谁知道呢？

⑨ 胡迪尼（Houdini）是《星际迷航：深空九站》中的一种人员杀伤地雷，被部署在亚空间中，无影无踪地随机出现，也可以毫无预兆地被引爆。

根据天文学家德克·舒尔茨—马库奇(Dirk Schulze-Makuch)的说法，我们目前的策略可能类似于试图通过对讲机监听老百姓。舒尔茨-马库奇是德国柏林工业大学教授，并同时在亚利桑那州立大学和华盛顿州立大学担任兼职教授。

舒尔茨—马库奇说："你可能什么都窃听不到，因为每个人都在用Facebook。"

正如上文所揭示的那样，许多解释费米悖论的理论，尽管传得沸沸扬扬的，但基本上都相当于地外生命心理学的范畴。它们都不是最有前途的突破途径：窥探超高等外星人的思想超出了我们的能力范围，至少在我们停止将大部分的创造力投入到创作各种段子或表情包之前是无法做到的。（感谢你容忍此处"滚出我的草坪"[10]式的走题。）

最后一种可能性是最令人沮丧的：宇宙的沉寂是最有力的证明。

也许地球是整个银河系中唯一一个有生命居住的世界。上帝是多么钟爱我们啊！假如换成科学的方式来解释，从复杂的有机化学物质跃进到蠕动的微生物的可能性是如此微小，以至于它只发生过一次，而我们则中了大奖。

考虑到生命在地球上立足的速度，这一过程是一口气完成的。微生物早在38亿年前甚至更早就已存在；一些证据已将生命出现的时间回推至41亿年前，那时的地球刚刚冷却到足以适合生命居住的程度。但即使

---

⑩ 译注："滚出我的草坪"（get off my lawn）是英语世界的网络上常见的一种表情包或梗，图片上往往是一持枪老汉对着调皮的孩子大喊这句话。

微生物遍布整个宇宙，可智能生命仍然极为罕见。（天文学家和天体生物学家经常说的一个时髦玩笑："嘿，我们仍然在地球上寻找智慧生命！"或"你在国会山上可找不到智慧生命！"）为什么？好吧，或许没有多少行星可以提供复杂生命体与智慧进化所需的长期精心照料吧。例如，地球拥有一颗巨大的卫星，可以稳定地球的倾斜状态（从而稳定地球的气候）；此外，地球还受到一颗庞大外行星[11]（木星）的保护，木星的强大引力可以将一些危险的彗星引走。也许坐落在宜居带内的岩质行星罕有具备这些特征的。

此外，不要相信那些画着猿人迈步走向（人类）穿着裤子的自豪未来的漫画；进化之路可不会自带"前进的箭头"。自然选择偏爱任何有效的途径，所以如果简单意味着成功，那就保持简单。事实上，绝大部分的地球历史便是由这一法则塑造的。化石记录显示，多细胞生物一直到近 6 亿年前才出现，这意味着单细胞微生物独霸这个星球的时间至少有 30 亿年之久。此后又历经漫长的时光，超级聪明的动物（现代人类）才出现。

由此可见，生命可能需要一套非常特殊的环境才能摆脱其简单、黏滑的起源，并最终发展到可以发明无线电发射器、宇宙飞船、暴走鞋[12]和

---

⑪ 译注：外行星指的是太阳系中位于宜居带之外的行星，包括木星、土星、天王星、海王星、冥王星等。

⑫ 译注：暴走鞋（wheely shoes，又名 heelys shoes）别称"飞鞋"，起源于美国，是一种在鞋底装置一只或两只轮子的多功能运动休闲鞋，穿着者可利用轮子做出各种滑行或舞蹈动作；也可卸掉轮子，变成非常舒适的高档休闲鞋。

其他酷炫产品的程度。毕竟，如果没有 6600 万年前的那场小行星袭击事件，地球上的霸主可能仍然是爬行类动物，而此次撞击使我们的哺乳动物祖先得以仓皇逃离它们的阴影。

我们还需牢记其他一些重要的事情。例如，智慧的发展水平是参差不齐的，地球生命的多样性清楚地表明了这一点。黑猩猩、乌鸦、海豚、海獭、章鱼等众多物种都非常聪明，会使用工具，但只有人类才能制造出无线电发射器、宇宙飞船和暴走鞋。（就我们目前所知，情况便是如此。倘若黑猩猩发明了暴走鞋，珍·古道尔[13]不会只字不提的。）我们不能假定每个智慧的外星物种都开发出了先进的技术，或能够与我们交流。

出生环境可能会导致许多拥有智慧的外星生命与宇宙中的其他区域相互隔绝。如果将我们自己的太阳系看作是某种参照指南，那么银河系中最常见的生命支持世界可能是那些在地表冰壳之下存在液态海洋的寒冷卫星或行星，如土星的卫星“土卫二”（Enceladus）和木星的卫星“木卫二”（Europa）。如果在这样的环境中已进化出复杂、智慧的生命——考虑到黑暗深处可能缺乏能源，我们对此事并没有多大把握——我们也许永远不会收到他们的讯息。

理论物理学家保罗·戴维斯在其 2010 年出版的论述费米悖论的《令人毛骨悚然的寂静》（*The Eerie Silence*）一书中写道：“上有厚达数百千米的固体天空，周围漆黑如墨，被困在液态栖息地中的有意识生命

---

⑬ 译注：珍·古道尔（Jane Goodall），英国生物学家、动物行为学家和著名动物保育人士，长期致力于黑猩猩的野外研究，纠正了学术界对黑猩猩这一物种长期以来的许多错误认识，揭示了许多黑猩猩社群中鲜为人知的秘密。

体需要多长时间才能发现：在它们的世界中显然坚不可摧的屋顶之外，还存在着一个辽阔的宇宙？”“很难想象他们会‘突破’身处的冰狱，然后向太空发出无线电信息。”

得到答案

你终于读完了“费米悖论假设荟萃拼盘（Fermi Paradox Hypothesis Sampler Platter）”！在此之前，上述假设中有没有从你的脑海中蹦出一两个呢？ 也许是崇尚暴力和行动的狂战士？也可能是充满辛酸的、生活在地表下海洋中的居民？[在我的想象中，外星生命是一种灰黄色皮肤、没有眼睛、类似海豹一样的怪异生物（mercreatures）⑭，可悲而拙劣地弹奏着鲁特琴。]如果事实便是这样，那很好，你也就不会对它们太过于亲近。可是，我们目前尚没有掌握足够多的信息来了解实际情形。布林说：“很多人都会一跃而起，大喊道：‘啊哈！我知道答案！’，我觉得这种行为很傻。”“我们所能做的就是暂时对它们进行编目，也许还会排出前十位的名单。”

然而，我们只要开始努力，就可以得到答案，而且会很快。比如说，科学家们在火星、土卫二或其他太阳系天体中发现了微生物的“第二次创世”（second genesis），而这些体形微小的生物体与我们所知的任何

⑭ 译注：“mercreatures”是英国科幻电视剧《远古入侵》（Primeval）虚构出来的一种未来海怪：由海豹进化而来，属于海洋灵长类动物，口中生有獠牙，生性凶猛，群体生活，群体中有一只巨大而凶残的雄性首领，可以通过声音交流，生活在未来的海滨地区。

生命形态都毫无关联。然后，我们就会知道生命的诞生并不是一个运气爆棚、昙花一现的事件；进而，我们就会强烈怀疑生命是否在整个银河系普遍存在。这一消息加上 SETI 的持续无结果，也会让任何关心人类未来的人士感到不安，因为这表明限制智慧文明数量的瓶颈仍然摆在我们面前。（但这也会带来一个好处：如果我们认为自己是银河系中唯一拥有先进技术的智慧生物，那么由此产生的责任感可能会阻止我们自我毁灭。）

遵照相同的推理，SETI 即使只接收到一个无线电讯息，也足以让人振奋不已。

塔特说："如果监测到一个信号（哪怕是不含任何信息的宇宙拨号音），那就表明：我们可以拥有一个漫长的未来。""如果有别的生命挺过去了，我们也可以。"

我们都是火星人吗？

如果回溯到足够久远的过去，男人真的可能来自火星，女人也是。

没错，这是一个毫无说服力且老套的笑话，但且容我解释一下。红色星球（火星）并不一直像冰冻的咸饼干那样又冷又干。大约在37亿年之前，火星丧失了全球性磁场，导致太阳剥离了火星的大部分大气层。可是，在此之前，这个星球上的湖泊和河流却可能极为适合开展轮胎漂流运动（tubing）。（外星世界福利：具有异域情调的景观，没有马蝇！）

以盖尔陨坑（Gale Crater）为例，当前美国宇航局“好奇号”探测车正在探索这个96英里（约155千米）宽的地坑。在这个六轮机器人于2012年8月登陆后不久，“好奇号”团队宣布了一则让全世界的轮胎漂流运动爱好者激动不已的消息：盖尔陨坑曾经拥有湖泊-溪流水系，并存续了至少数百万年之久。参与探测任务的科学家补充道，水非常干净、清澈，可以直接饮用。（意思是说，不会带来不良后果。如果不在意后果的话，你也可以喝油漆或私酿的威士忌酒。）

人们可以很容易地想象得到：40 亿年前的盖尔陨坑或火星上的其他地方有生命在此扎根。事实上，一些研究人员甚至认为古老的红色星球是一个比地球更好的生命摇篮，部分原因在于：当时我们的星球很可能正淹没在一片汪洋之中——真实的“水世界”[①]。

“喂，等一下，”你可能会反对说，“既然地球生命需要水，怎么会嫌水太多呢？”好问题！嗯，事实证明，水的存在形式并不限于炎炎夏日中的冰棒和淋浴。水可以分解细胞所依赖的许多分子，包括核酸碱基——构建 DNA 和 RNA 的关键成分。你知晓 DNA 是什么；RNA 有助于将基因“编译”为细胞内的蛋白质，我们星球上的所有生物均有赖于此，鸭嘴兽也不例外。事实上，构成你和我的数万亿个细胞就像无数个体形微小、超级勤劳的干墙承包商一样，每天 24 小时不停地修复水造成的破坏。

佛罗里达州应用分子进化基金会的生物化学家史蒂文·本纳（Steven Benner）说，“如果一种先进的有机体能够进化出修复系统，这很好。”本纳的研究领域为生命的起源。“但是，碱基在水中分解的事实却对生命的发源毫无益处。”

他补充道，RNA 特别容易受到水的破坏。此一事实所造成的影响

① 译注：《未来水世界》（*Water world*）是由环球影业出品的科幻动作电影，于 1995 年上映，影片讲述了 21 世纪中叶两极冰川大量消融，地球成了一片汪洋，人们只能在水上生存的故事

要比你想象的还要大得多，因为许多科学家认为 RNA 是生命利用的首个遗传分子。为什么？因为 RNA 与梅丽尔·斯特里普[②]一样多才多艺，能够携带信息、自我复制，并引发广泛的化学反应。

让我们把话题转回到红色星球上。古代火星就像是一片适合鸢尾花生长的沃土：潮湿，又不过分潮湿。虽然广阔的海洋可能曾经在其北半球的大部分地区肆虐，但这个星球从来没有被完全淹没过，因此曾经的火星或许有很多地方可以让 RNA 立足。本纳引用了另一个可能对火星有利的因素：焦油悖论[③]。这听起来与《银河系漫游指南》（*Hitchhiker's Guide to the Galaxy*）中的一个小角色相像，但实际上该悖论指的是有机分子（含碳的、构建生命的基本成分）在能量的烹煮下会降解成黑色污泥。（想想你把意大利肉汁烩饭放在炉子上加热太久的情景。）为什么这是一个悖论？因为若没有这种“坏菜式”能量的注入，简单的有机物质通常不会结合，形成生命所需的大而复杂的分子。

当然，有很多方法可以解决这个问题，否则你怎么会存在呢？就像一个伟大的反吸烟广告一样，一些物质，特别是含有硼的矿物质，可以中途阻止焦油形成。本纳等人的工作表明，与古代地球相比，在早期的火星上，硼矿物更常见。然而，在彼时的地球上，硼化合物在淹没全球的海洋中被

---

② 译注：梅丽尔·斯特里普（Meryl Streep），好莱坞女演员，演技饱受赞誉，拥有非凡的银幕魅力，获得过包括奥斯卡金像奖、金球奖、艾美奖在内的众多奖项。

③ 译注：焦油悖论（tar paradox）指出，所有生命形式都由有机物质构成，但如果你把热或光等能量加到有机分子中，然后让它们自生自灭，它们就不会创造生命。相反，它们会变成更像焦油、石油或沥青等物质。

溶解和稀释，降低了有着大梦想的微小有机物遇到它们的概率。

况且，与旱地和硼相比，古代火星更需要海洋。火星的质量仅为地球的10%，这意味着在红色星球诞生之后，它的冷却速度要快得多，因此早于地球降至适合生命生存的温度。行星间冷却时间的差异会因境遇的不同而被放大：太阳系诞生后不久，地球与一个被称为“忒伊亚”（Theia）、大小与火星相仿的行星相撞，将我们星球的表面变成了岩浆肆虐的地狱。（科学家们认为，在此次天文碰撞中，一些物质被冲撞入太空，形成我们的月球。）此外，一些研究表明：与早期地球相比，磷酸盐——DNA和细胞膜的重要组成部分——在早期火星上更常见。

入侵地球？

这是“火星第一”[④]思想的简单体现。如果该说法是正确的，那么地球上的生命则可能始于外星人的入侵。

我们此刻谈论的不是小绿人，也不是《火星人玩转地球》[⑤]中的那些脑袋呈球状、脸似骷髅的诡异畸形怪物！（在我的记忆中，这种怪物体型矮小，皮肤也不是绿色的。）入侵者准是微生物，而它们搭乘的太空船则是在剧烈的天文撞击中被从火星上轰出来的大石块。

这一情景并不像听起来那么不可思议，因为红色星球的碎片通常都能抵达地球。迄今为止，科学家们已经确定了大约150颗陨石来自火星，

---

④ 译注：“火星第一”（Mars-first）的观点认为，火星先于地球诞生生命。

⑤ 译注：《火星人玩转地球！》（*Mars Attacks!*）是由美国华纳兄弟影片公司出品的科幻片，于1996年在美国上映。

证据来自它们的化学特征。毫无疑问，更多的火星陨石还藏在海底、丛林中和农夫约翰的苜蓿田中未被发现。一些研究估计，被一次猛烈撞击轰出火星的岩石当中，多达5%——在数以亿万年间可能代表着数十亿吨的物质——最终抵达地球。

有趣的是，大约40亿年前，当生命刚刚萌芽时，火星陨石雨最为猛烈。

当时，火星（和地球、水星、金星和月球）在较长的一段时间内经受了比现在多得多的太空岩石的撞击，场面十分壮观，这一时期现在被称为“后期重轰炸期”（Late Heavy Bombardment）。撞击者属于太阳系行星形成时期残留下的碎块，以及巨行星间歇性地“迁移”投掷过来的彗星和小行星。（就像住进新房子一样，木星、土星、天王星和海王星逐渐定居下来。如今，它们的轨道已稳定下来了。）

我感觉到又会出现另一种反驳的说法：“有趣的理论，但火星微生物怎么可能一路存活抵达地球呢？难道太空杀不死它们吗？”

是的，太空极度寒冷（或炎热，取决于位置的不同）、辐射肆虐、没有氧气。你肯定不会喜欢上太空。但是许多微生物比你更坚强（请勿见怪）。缓步动物门生物（Tardigrades），可爱的小型八足动物，也被称为“水熊”[6]，可以在高达300° F（约149° C）低至 -458° F（约 -237° C）的温度下存活；它们受脱水、辐射、巨大压力（能将人挤压成肉酱）

[6] 译注：水熊并不是一个物种，而是由1000多个物种组成，它们的体型极小，最小只有50微米，而最大的则有1.4毫米，必须用显微镜才能看清，身体表层覆盖着一层水膜，该水膜用于避免身体干燥，同时可呼吸水膜中的氧气。

的影响较轻微。被科学家称之为“细菌小柯南”（Conan the Bacterium）的耐辐射奇球菌（Deinococcus radiodurans）是一个全能型高手，它的“招牌能力”是在加热塔塔饼[7]所需的时间内，其耐受的辐射剂量是致人死亡剂量的1000倍以上。

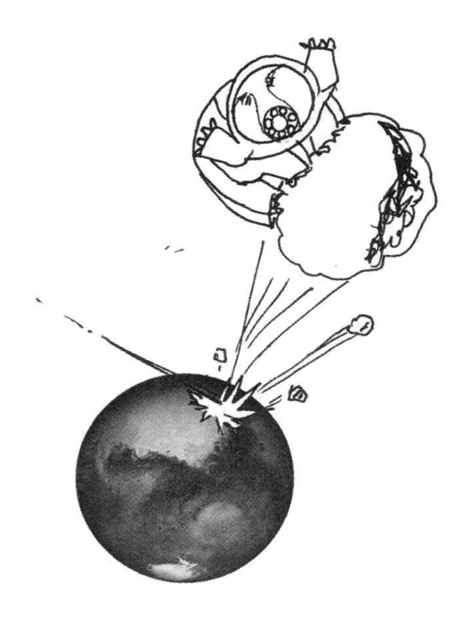

这两类微生物都具有太空生存的能力。2007年，在一次为期10天的轨道飞行中，一些缓步动物门生物被毫无保护地暴露在俄罗斯太空舱的舱外，最终其中一些拥有超级耐受力的个体最终幸存了下来（尽管它们的许多弟兄都死了）。近10年后，研究人员将一个缓步动物门生物群落放在国际空间站外面长达一年之久。位于最外层的那帮可怜的家伙没能活下来，但是它们的身体却保护了身下的幸运微生物，助其安然渡过了这场轨道劫难。

就像在战场上那样，尸体能起到防护作用，因而火星微生物也可以借助此法在太空旅行。此外，它们乘坐的岩石也能给予其保护，其中一些个体能在陨石俯冲穿透地球大气层时产生的炽热高温中幸存下来。

⑦ 译注：塔塔饼（Pop-Tart）：顶部撒有果酱或内含果馅的小圆饼，在食用前需放入烤面包机或微波炉中加热。

这种行星跳跃场景是一种更为宏观理论的案例体现——“panspermia”（泛种论）[8]，其名字虽然听起不雅，但思想却很严肃。（“panspermia”一词源自希腊语，意为“种子无处不在”。）“泛种论”假说追随者认为，生命通过搭乘行星碎块、小行星、彗星或受星光压力推动的尘埃，已经遍布整个太阳系，乃至银河系和全宇宙。

在生命所搭便车的问题上，“泛种论”假说支持者理查德·胡佛（Richard Hoover）将宝押在彗星上。他说，人们已知这些冰冷的流浪者（彗星）携带有氨基酸等有机物，在飞过水蒸气羽流时可以接载有机生命体，例如，土卫二的南极就喷射出水蒸气气柱。胡佛指出，当彗星靠近恒星并升温时，也会喷射出由气体和尘埃组成的气流，因此它们无须撞击我们的星球即可将生命送到地球。胡佛是一名天体生物学家，自 1966 年起一直在美国宇航局设于亚拉巴马州的马歇尔航天飞行中心（Marshall Space Flight Center）工作，直至 2011 年退休。

太阳系中的彗星大都来自极度寒冷的奥尔特云（Oort Cloud），该云团离地球是如此遥远，以至于若以其为参照物，那么冥王星与地球之间的距离就如同明尼亚波利斯与圣保罗之间的距离[9]。[奥尔特云与太阳相距约为 5000 个天文单位。一个天文单位（astronomical unit，简称 AU）指的是地球到太阳的平均距离，大约有 9300 万英里（约 14973

⑧ 译注：“泛种论”，或称“胚种论”、“宇宙撒种说”是一种假说，猜想各种形态的微生物存在于全宇宙，并借由流星、小行星与彗星散播、繁衍。

⑨ 译注：明尼阿波利斯（Minneapolis）与圣保罗（St. Paul）皆位于美国明尼苏达州，两者为一对双子城，直线距离仅为十几千米。

万千米）。］根据胡佛的说法，假如域外彗星的轨道同样漫长，不难想象，疾驰的太阳和其他恒星在靠得足够近时会交换彗星。

他说道，“地球上的生命可能不仅仅来自地球之外的地方，也有可能来自一个截然不同的恒星系。”

为何胡佛与其他“泛种论”假说追随者会这样认为呢？这是因为他们注意到生命在地球上迅速立足并繁荣发展的现象。微生物显然快马加鞭地行动了起来，迅速分化，并炫耀般地拿出光合作用之类的超炫技艺，而光合作用则可追溯至35亿年前。（不过，关于这些早期里程碑事件发生的时间节点尚存在相当大的不确定性和争论。至于光合作用的时间节点，科学家只能肯定一点：受益于微生物的光合作用，至少在24亿年前，地球大气中就已含有大量氧气。）

哈佛医学院和马萨诸塞州综合医院的分子生物学家和遗传学家加里·鲁弗肯（Gary Ruvkun）说：“认为万物都是在那个时期从分子演变为细菌的观点让我感到有点疯狂。倒不如更简单地说：‘哦，生命就如雨点般从天上落下来的。’”

胡佛说，外星微生物可以搭乘便利的彗星“出租车”，仅需几百万年的时间即可从邻近的恒星系旅行至地球。他补充指出：“在生物学意义上，几百万年根本不算什么。”“我楼下的冰箱里保存有已经活了800万年的微生物。”

另一方面，鲁弗肯是“定向泛种论”的信徒，该理论由分子生物学家弗朗西斯·克里克（Francis Crick）与生物化学家莱斯利·奥格尔（Leslie Orgel）于1973年提出。克里克是DNA双螺旋结构的共同发现者之一。

定向泛种论认为，生命的种子是由智慧外星人散播的，既可能是碰巧为之（这将是自古以来最严重的乱抛垃圾事件，比你的狗在别人的草坪上拉了一泡屎后你偷偷溜走的行为更糟糕），抑或是满足达尔文式的野望——让生命遍布宇宙。想想电影《异形》（*Alien*）的前传《普罗米修斯》（*Prometheus*）的开头部分，那个患有白化病的魁梧肌肉男在喝了可溶液体之后，黑色的内脏融化洒落到瀑布里面的场景。

鲁弗肯认为，行星播种行为是有意为之的，不过他设想中的散播方式并不那么痛苦和恶心，而且效率更高。他认为，高等文明可能会派遣微生物去殖民其他星球。毕竟，地球上的一些人正在谈论，在不久的将来向火星发射微生物，以改变那里的大气层和气候，为人类定居铺平道路。

泛种论并不是一个想入非非的设想，但它的拥趸肯定是少数。尽管科学家们提出了上述种种推理和猜测，但都拿不出确凿的证据，所以大多数科学家倾向于支持最简单的解释：生命始于地球。（研究人员还经常指出，泛种论并不能解答生命如何起源的问题；它只是简单地将起源推卸给太空和时间。）关于生命起源的确切位置一直是一个饱受争论的话题；一些研究人员支持查尔斯·达尔文（Charles Darwin）所说的“温暖的小池子”，而其他研究人员更支持被称为黑烟囱或白烟囱的海底热泉喷溢口。当然，喷溢口的设想意味着上文中所讨论的水问题根本不是问题。

我们永远不会都知道答案吗？

假如“泛种论”信徒的主张是正确的，生命确实是从其他地方来到地球的呢？我们将来能知道答案吗？

可悲的是，也许不会。例如，我们几乎不可能弄明白《普罗米修斯》中的外星人内脏液化场景，除非在自己的DNA（以一种令人作呕的方式传递）之外，外星人还留下了一些别的东西，比如一艘被冰层包裹的太空船，或者一本被塞在一块古老岩石下面的小册子，而且书的开头写着“那么，你正在思考你的起源。”

如果我们已在火星、土卫二或太阳系内的另一颗星球上找到了活的生物，我们就能取得比现在更多的进展。分析外星生命的遗传物质——我们不能假定就是DNA——能很快揭示它们是否与我们有关。 然而，这样的话，事情也会变得更加棘手：万一我们所找到的生命迹象都是已在数十亿年前灭绝的生物留下来的呢？如此的话，分子可能会由于过度退化而无法深入研究。毕竟，我们仍然在等待科学家们创造出一个真实的侏罗纪公园，而未进化成鸟类的那批恐龙仅仅在6600万年前才灭绝。

但即使弄清楚火星和地球上的微生物是血缘近亲[10]，我们仍无从得知他们的家族来自何方。它们的祖先是否搭乘着彗星，高速穿越黑暗与严寒的重重荒芜之地，历经数百万年的长途跋涉，抵达太阳系的呢？也许，那些远古开拓者的始发地离最终家园比较近呢？

克里斯·麦凯（Chris McKay）说："我们很难确切地判断哪种情形是正确的，也无从得知太阳系中的哪颗星球可能是始发地。"麦凯是一名在美国宇航局位于加利福尼亚州莫菲特菲尔德的艾姆斯研究中心（Ames Research Center）工作的天体生物学家。

基于轨道动力学，科学家们认为地球不太可能成为这些开拓者的家园。由于与火星相比，地球离太阳更近，因此亿万年来，我们的星球所吸纳的陨石更多地是来自火星，而不是其他行星——实际上，来自火星的陨石可能是其他来源的 100 倍以上。但是，正如麦凯所指出的那样，要弄清楚 40 亿年前真实发生的事情是一项艰巨的任务。不过，万一我们确定火星微生物与地球生命无关——它们代表了第二次创世呢，那又怎么办？那将是一次真正巨大的进展。如果在我们这个宇宙中的偏僻角落，生命都能独立地萌发了两次，那么生命必然遍布宇宙各处。

麦凯说："如果数目能达到两个，也就可以达到 10 亿。"

---

⑩ 译注：血缘近亲（kissing cousins）专指那些住得离你很近、又经常互相走动的血亲。

第3章

地外生命长啥样?

在脑海中想象一下外星人的模样。我的意思并不是要你想象出一种以噩梦与不安全感为食的颅腔寄生虫，尽管这的确不失为一种选择。而是位置不限、类型不限的外星人。您想象出了什么？我敢打赌，定是一个体型略小的人形生物，长着光秃秃的硕大脑袋和令人毛骨悚然的细长手指，一对深邃、动人的大眼睛能让许多宇航员迷醉其中无法自拔。

无论你是感到高兴还是害怕，只要我们的宇宙无限大，外星人绑架传说和科幻小说中的外星人原型“灰人”[①]的确有可能在地球以外的广阔宇宙中鬼鬼祟祟地出没。在无限宇宙中，原子和分子在物理层面上的

---

① 译注：“灰人”（Grey）是在外星人目击报告中占比例很大的一种外星人，也是大众文化中被人类所熟知的外星人。灰人通常被描述为个头矮小、头大无发、鼻子只是2个孔、嘴如裂缝、拥有灰色瘦弱的身体和一双深邃的黑色眼睛。

每一种可能组合都会在宇宙的某个角落里显露出征兆，事实上，只要物质在整个宇宙中或多或少地均匀分布（现实情况也似乎如此），这样的位置便是无限的。无限就是这样的奇怪。因此，在这种情况下，在无尽的宇宙动物园之中，灰人只是其中一个景点，因为在这个宇宙动物园中散布着各种怪模怪样的生物，比如真实版本的绝地大师尤达②、佐艾伯格博士③；还有你、我、艾尔·卡彭④、尤塞恩·博尔特⑤以及其他曾经在地球上生活过的人的分身。（没错，你也是一只奇形怪状的动物！假如有人说你不是，别信！）

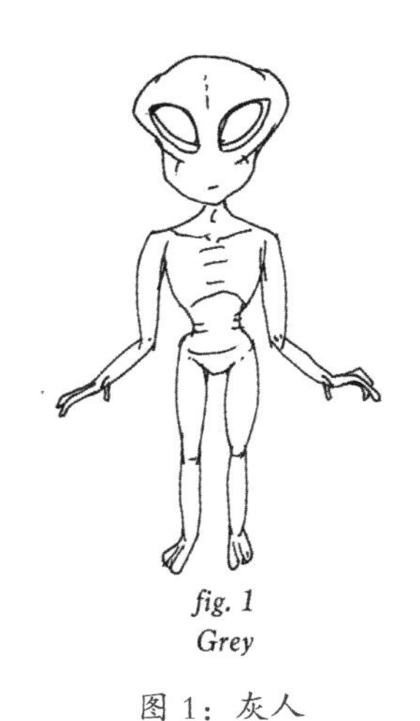

fig. 1
Grey

图 1：灰人

心生不安，对吧？你一直以为自己很特别。不过，好消息是，你几乎肯定不会与自己的任何诡异分身碰面。根据物理学家马克斯·泰格马克（Max Tegmark）的计算，此刻距你最近的那个分身大约在 10^{1029}（10 的 1029 次方）米之外。正如这个怪异的数字所暗示

② 译注：尤达（Yoda）是电影《星球大战》（*Star Wars*）系列中的人物，是一名德高望重的绝地委员会大师。

③ 译注：佐艾伯格博士（Dr. Zoidberg），全名为约翰·佐艾伯格（John Zoidberg），是美国喜剧漫画及动画片《飞出个未来》（*Futurama*）中一个类似龙虾一样的外星人。

④ 译注：艾尔·卡彭（Al Capone）是 20 世纪 20—30 年代美国最有影响力的黑手党领导人，于 1925—1931 年间掌权芝加哥黑手党，使之成为当时最凶狠的犯罪集团。

⑤ 译注：尤塞恩·博尔特（Usain Bolt），牙买加籍田径运动员，男子 100 米、200 米世界纪录保持者。

的那样，这是一个巨大到令人难以置信的距离，远远超出了整个可观测的宇宙——这个球体目前大约有930亿光年之广，而且还在不断扩张。

值得一提的是：可观测宇宙的范围指的是光从时间起点出发至今走过的距离。毕竟，没有光线你就无法观察到任何东西。鉴于大爆炸发生在138亿年前，因此这个巨大泡泡的半径应该是138亿光年。不过，在天文学家称之为“暗能量”的神秘力量的作用下，时空本身正在不断扩张，并且扩张的速度越来越快，而光线则搭着扩张的顺风车一路前行。

且让我们回到那个至关重要的问题：宇宙是否真的会继续扩张下去，就像小学校园剧一样没完没了？毕竟，宇宙并不是不得不扩张。宇宙学家通常认为我们的宇宙有三种可能的形状：或闭合如球形；或舒张如马鞍；或平铺如纸片。舒张或平铺的宇宙俱是无限的。但闭合的宇宙不是；至少在理论上，你可以像麦哲伦开展环球航行一样，驾驶着星际飞船环绕这个球体一圈，并最终回到你启程的地方。

天文学家已经找到了如何通过仔细观察宇宙微波背景辐射（大爆炸遗留下来的古老辐射）来大规模地测量时空形状的方法。在一个封闭的宇宙中，CMB光波[⑥]将以某种微妙的方式发生弯曲，而在开放的宇宙中它的翘曲方式会略微不同。如果宇宙是平铺开来的，那么CMB光波就不会弯曲。

这也是美国宇航局威尔金森微波各向异性探测器（Wilkinson Microwave Anisotropy Probe）和欧洲航天局普朗克（Planck）卫星的

⑥ 译注：CMB为英文短语cosmic microwave background（宇宙微波背景辐射）的首字母缩写。

测量结果：零曲线。然而，两个测量结果之间存在些许偏差。普朗克卫星的数据是目前最准确的，误差幅度为正负0.4%。因此，根据2011年的一项估计，如果宇宙不是无限的，那么它仍然至少比可观测的宇宙宽250倍。

您或许正在想宇宙将扩张到什么里面去。这是一个合情合理的问题，但是答案却是非常不合理的，至少对容量小得可怜的猿猴大脑来说是这样。物理学家认为万物都不存在于宇宙之外的地方。不仅不存在充斥着破碎梦想的黑暗之境，也不存在挤满高贵灵魂的干净、白色空间，连空空如也的虚空也不存在。宇宙正在变得越来越大，除此之外，没有取代或消减任何东西。

宇宙膨胀理论也预测了宇宙是平坦的。在解释宇宙诞生之初的情境方面上，该模型的接受程度最高。根据这个理论，在极短的一段时间里——大约为大爆炸之后的10^{-35}秒，即万亿分之一秒的万亿分之一再万亿分之一——时空扩张的速度要远远快于光速。顺便说一下，这一现象并不违背爱因斯坦的狭义相对论：尽管在太空之中，光的传播速度是最快的，不过，宇宙膨胀指的是时空本身的扩张。大多数的宇宙膨胀学说也认为婴儿期的宇宙被挤压成许多个扩张气泡，每个扩张气泡都成长为一个独立的宇宙。如果事实如此，那么我们只是生活在许多个平行宇宙中的一个，众多平行宇宙共同构成了一个多元宇宙。某些平行宇宙必然是极其怪异的，可能具有不同的物理定律和不同的维数，而不是我们所习惯的四维。（记住：时间是一个维度。）你绝对无需担心会在某一个平行宇宙中遇到另一个自己。

泰格马克在2004年的一篇论文中写道:“其他宇宙离我们无限遥远，即使你始终以光速旅行，也永远到达不了。”他补充说，原因在于我们的宇宙“与邻居之间的区域仍然处于膨胀状态，不断扩张自己的版图，并且其创造新体量的速度还要快于你的穿越速度。”

那些处于通胀状态的平行宇宙的数量甚至可能是无限的，这就意味着，即使我们自己的宇宙看起来像一个巨大的沙滩球，它或许能够变得无穷大。

泰格马克还解释道，其他类型的平行宇宙同样可能存在。比如说，量子力学中的平行宇宙。该理论的一个著名观点认为，无论是在宏观世界中，还是在怪诞、难以理解的微观世界中，每个可能的测量结果都是真实的。量子力学平行宇宙的理论由物理学家休·埃弗莱特（Hugh Everett）于20世纪50年代首次正式提出假设：在某个平行宇宙中，希特勒事实上赢得了第二次世界大战。埃弗莱特是鳗鱼乐队主唱马克·奥利弗·埃弗莱特（Mark Oliver Everett）的父亲。

因此，尽管我们不确定宇宙的大小和形状，但理论探索以及观察结果都指向同一个方向：在宇宙的某个地方，一名傲慢的“灰人”星舰舰长正在为殖民任务做准备，而一个佐艾伯格模样的外星生物与“另一个你”相互配合将润肤剂涂抹到他的背部。

好迷人的宇宙啊！身处其中，你难道不觉得高兴吗?

倘若灰人舰长赏脸让你登舰随行，你可能会见到远比他自己或那个佐艾伯格更怪异的生物。可以想象，灰人星舰会巡航经过有着知觉能力的星云（由星际气体和星际尘埃构成），途经密度极大且被称为中子星

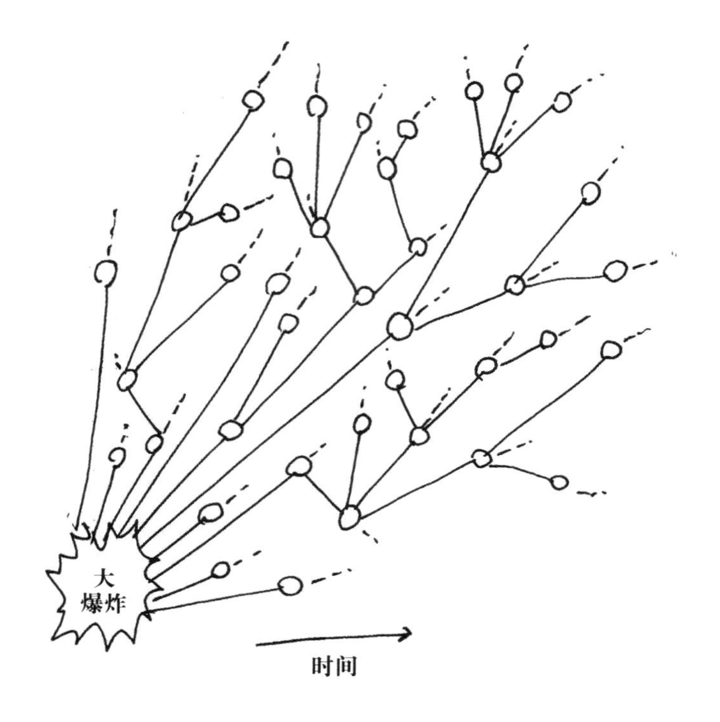

的死亡恒星残骸，以及生活在上面的外星生物，前提是这些东西是真实存在的。

会见邻居

对于引出本章的疑问，“具有物理可能性的任何模样”并不是一个特别令人满意的答案。那么，不如把问题稍稍变化一下：如果确实存在地外生命，那么它最常见的形态是什么样子的？我们的邻居有可能是什么样的生物呢？

抱歉，科幻迷们：他们长得可能不会太另类。

从本质上看，我们所了解的生命只是一种经过精心设计、高度组织化的化学现象——这一事实符合美国宇航局对该术语的工作性定义。该机构在经过广泛辩论和讨论后，于20世纪90年代中期对“生命”作出了如下定义：“一种能够进行达尔文式进化、自我维持的化学系统。”（神创论者要注意：生命与进化不可分割，两者的密切程度仿佛戈尔迪·霍恩（Goldie Hawn）与库尔特·拉塞尔（Kurt Russell）之间牢不可破的关系。）[7]

地球上的生命系统以碳和液体水为中心。生命所赖以存在的分子——比如，DNA和蛋白质——都是长长的一串碳原子，从两侧分叉出各种化学基团。对细胞来说，水就像亚马逊公司一样，为细胞提供盐分、营养物质和生存所需的一切（同时还带走了废弃物——用不了多长时间，亚马逊公司无人机机群也能为我们做到这一点）。液态水在其中发挥了关键性作用：细胞很难从气态介质和固体中获得物质，因为在气态介质中，原子和分子会四散分布；而在固体中，它们又会被固锁在原位。（岩石和砖块无法流动。）

此一设计意义重大。碳是一种可塑性极强、极灵活的原子：它能够同时与其他四种物质结合，从而构建出大而复杂的稳定分子。水极擅长于溶解（并因此传递）物质；化学家们将之称为万能溶剂并不是没有道

⑦ 译注：两人皆是好莱坞明星，在同居多年后结为连理。

理的。由于我们的星球与太阳之间的距离适中以及地球大气构成等因素，水在大自然母亲所赋予地球的温度范围内恰好是液体的。

不出所料，两者合作得很好。

麻省理工学院客座研究员、天体生物学家、化学家威廉·贝恩斯（William Bains）指出："如果想在水中引发复杂的化学反应，那么碳将会起到非常独特的作用。""它在水中可以维持海量的复杂化学反应。"

碳和水在宇宙中也很常见。水是宇宙中最常见溶剂；它几乎无处不在，遍布于（由尘埃和气体构成的）星际云、彗星、小行星、行星、太阳系内的卫星之上。银河系中自然生成的碳以惊人的复杂形式存在。例如，天文学家已经在陨石中发现了数十种氨基酸，这意味着我们所知道的生命构件通常是在深空中自行产生的。 因此，许多研究人员认为：很久以前，彗星和小行星撞击地球对地球生命的兴起发挥了至关重要的作用，它们为我们的星球带来了生命构建成分以及天量的水。

综合起来看，宇宙似乎已经为碳水生命做好了准备。此外，还有一个重要事实：我们知道这种生物化学过程卓有成效；地球就是活生生的证明。我猜测我们将来意外发现的大多数外星生命都在践行碳水化学，或者至少已经开始这么做了。这并不一定意味着地外生命的遗传物质是DNA，或者与地球生命一样依赖于相同的20种氨基酸。可以想见，其他碳分子也能完成相关工作。如果两种不同的生命系统采取了完全相同的解决方案，或许会令人相当惊讶。当然，倘若泛种论是正确的，所有生命系统之间彼此关联，那么我们就不会这么惊讶了。

此刻，我并不是说除了碳水化学以外，生物化学不可能或确实不存在别的替代方案。事实上，碳基生命可以很好地使用水以外的溶剂——例如，氨。氨在整个宇宙中也非常常见，并且能与碳元素较好地配合。（但氨却不能与你身体里的碳展开合作，除非你喜欢皮肤灼伤、痉挛和肝脏受损。）碳也不一定是生命构建进程的主要参与者。科幻小说有很好的理由继续炮制出各种硅基生物，比如说，类似于《星际迷航：原初》电视剧中拥有石质身体的霍塔人[⑧]一样的硅基生命。在元素周期表中，硅位于碳的正下方，这意味着这两种元素的化学性质相似。例如，硅可以像碳一样同时与四种原子成键。在地球上，硅并不是一个构建生命的伟大支架——它很容易与水和氧气产生反应，形成沙子和岩石，不过在与我们的世界截然不同的异世界中，这些东西却是可行的选择。

土星的卫星“土卫六”（Titan）有诞生硅基生命的可能性。雾霾笼罩的土卫六体积巨大（比水星还要庞大），在其寒冷的地表上醒目地存在着由液态碳氢化合物汇聚而成的湖泊和海洋。一些天文学家认为，在这些异界海洋或液态氮形成的水洼中，硅有可能成为生命原子。在海王星最大的卫星“海卫一”（Triton）的冰冷地壳之下可能存在着液态氮。

然而，贝恩斯并没有对发现硅基生命抱有希望。维持硅基生命的奇异液体往往极为寒冷，如果你把脚趾浸入土卫六的海洋中，脚趾头会被冻掉，因为海水温度低至 -292℉（约 -180℃），而可能存在的液态氮栖息地甚至更加寒冷。

这是一个严重的问题，因为溶剂不像邮递员；当温度下降时，我们

⑧ 译注：霍塔人（Horta）是星联发现的第一种可变形的硅基生命，以岩石为食。

3F262 型 碳水

3F192 型 碳水

4B038 型 碳氨

7F996 型 碳硅

6A159 型硅氮

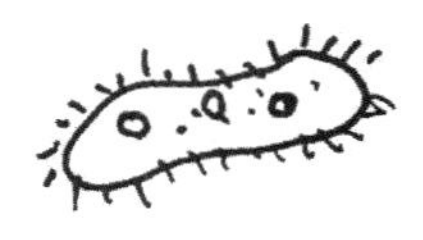

65223 型 碳水

无法指望溶剂能像邮递员一样继续“投递邮件”[⑨]。

贝恩斯说：“在极冷的溶剂中，无论大分子由何种原子构成，我怀疑其溶解量都极少，不足以构建有效的生化反应。”

“大分子物质的浓度如此稀薄，以至于它需要耗费按地质纪元计算的时间才能有所作为。”

换句话说，与地球上温暖的小水池不同，液态甲烷湖可能是一个有机物沙漠，可自由混合、相互构建的大分子化合物的含量极低。

---

⑨ 译注：“投递”的英文单词为“deliver”，该词还有“助产；接生”之义。此处为双关语，作者暗示在低温下溶剂无法助力原始生命的孕育。

微生物占绝大部分

关于外星人可能的内幕情报，上文给出了一个简明的推测。那么，他们的外表是什么模样？大部分人更关注这个问题。

好吧，如果参照地球历史的话（不能保证地球历史可以借鉴，而且从样本规模来看，据单一样本来作推断是一种非常冒险的行为），你可能需要一台显微镜才能观察到我们的宇宙近邻和远邻。回想一下，地球上的生命在首次出现之后，以微生物的形态存在了约 30 亿年。直至 6 亿年前左右，这些自私、微小的"单身人士"才结合在一起形成动物。之后，这个星球不得不又等待了 5 亿年才等来了火鸡始祖的进化。人类的诞生极为晚近：虽然人类的始祖可以追溯到几百万年前，但我们这个物种至今仅仅存在了 20 万年，而人类社会的现代化要等到 1999 年随着 LiveJournal ⑩ 网站的面世才真正实现。

人类不可太自大：从数量上看，这个星球仍然属于微生物。这些小家伙可能有 1 万亿种，它们的总重量超过了世界上所有动物加在一起的重量。另外还有微生物群落：无论你把手洗得有多干净，你的身体所容纳的细菌细胞始终比人类自身的细胞还要多。谢天谢地的是，平均而言，细菌要比人类原生细胞小得多，所以按重量计，你体内的细菌只占体重的极小一部分。

因此，在地球过去的 45 亿年间，一名身体受到精心保湿的灰人舰

---

⑩ 译注：LiveJournal 是一个综合型 SNS 交友网站，由美国人 Brad Fitzpatrick 始建于 1999 年 4 月 15 日。

长在任意时间访问地球时，其遭遇微生物的可能性是发现火鸡的150倍。可怜的舰长！错过了肉质肥厚、晃来荡去的肉垂[11]！而他或她遭遇正在热衷于传播段子或表情包的人类的概率只有0.0000004%。

我们将来遇到的外星微生物可能看起来很面熟：重要的分子和结构被膜包裹着（尽管外表看起来相似，但在生物化学特性和新陈代谢方面，它们与地球微生物之间会存在着巨大差异）。但是，如果我们设法搜集到的外星生命个体足够大，可以捏、拥抱、探索或放在膝上摇逗，那么所有关于外星生命外表的猜测都将烟消云散。

想想地球生命拥有多少种令人惊叹的形态：食肉植物分泌出假花蜜，散发出诱人的香味，将昆虫诱入消化液中（莱佛士猪笼草）；遍身鳞片的无四肢生物，可以看到热量并能吞食比自身还要重的猎物（蛇类——特别是蟒蛇、巨蚺和响尾蛇属蛇类）；体形巨大、犹如装甲坦克般的野兽，从其石灰色鼻子处长出锐利的长角（犀牛）；没有骨头、长着吸盘、口吻尖尖、肉袋状的生物，不仅可以通过喷射水流移动身体，还可以随意改变皮肤的颜色和纹理（章鱼和墨鱼）；超级好动、能下蛋、半水栖的毛球状动物，长着鸭子般的喙，可以感知猎物肌肉抽搐时所产生的电场（鸭嘴兽）。

它们只占据至今为止尚存活于世的生物中的极小一部分；至于已灭绝的生物，其种类不仅比这多得多，而且生命形态也更为怪异。以怪诞

⑪ 译注：火鸡的头颈几乎裸出，仅有稀疏羽毛，并着生红色肉瘤，喉下垂有红色肉瓣，能够帮助散热。

虫（Hallucigenia）为例，它被认为是当今天鹅绒虫的祖先。对于这种体形不大、长满尖刺的生物，我们无法根据怪诞虫的最原始化石，搞清楚它的哪一侧身体是朝上的，也不知道它的头部在哪里。因此，思考外星人有没有触手，长没长獠牙，长着两条腿还是10条腿之类的问题，看起来像是傻瓜才会去干的傻事；外星人中的生物学家在设想地球生命时，能不能想象得出鸭嘴兽这种生物呢？（事实上，当18世纪晚期第一只鸭嘴兽标本从澳大利亚运到英国时，一些欧洲生物学家认为这种动物是一个骗局——一种将鸭子和鼹鼠缝合在一起的混合体。）

不过，有几点我们还是肯定的。首先，地外生命家园行星的特征将会塑造他或她的外表。以开普勒-452b为例，这是一颗可能适宜生命存在的域外行星，距离地球有1400光年远。开普勒-452b的体积约比地球大60%，质量约为地球质量的5倍，因此在其地表上生存的生命必须承受的重力强度是你我所承受的两倍。很难想象这样的行星能进化出类似长颈鹿的生物。高大、细长植物也可能在此无法生存。相反，开普勒-452b上的大多数陆栖生物长得可能会像獾或陆龟一样体短而粗壮。（海洋生物在身体结构上会有更多的回旋余地，因为水能支撑它们的重量。）

然而，在某些方面上，人类会对开普勒-452b上的生命形态感到比较熟悉。地球上的蕨类植物与榕树的叶子是绿色的，因为它们含有进行光合作用的主要色素——叶绿素。叶绿素吸收阳光中的红光和蓝光，但将绿光当做是假支票一般反射回去。假设开普勒-452b的大气层类似地球，那么该行星接收到的阳光也可能与地球相似；开普勒-452b围绕着一颗类似太阳的恒星公转，绕行一圈的距离与地球绕日公转轨道的长度大抵相同。因此，如果该行星上生长有植物（或类似的东西），那么植物也可能是绿色的。

沿着同样的推理，假如某一恒星与太阳大不相同，那么在围绕其公转的行星上可能会生长出极为怪异的植被。假如植物吸收的光线源自昏暗的矮星（如 TRAPPIST-1 或半人马座比邻星），那么它们可能会吸收可见光范围内的所有光线，因此我们看到的便是黑色的植物。天穹上悬挂着一颗又大又热的恒星，一棵异域榆树可能会长出蓝色的叶子，将具有高能波长的光线反射出去，以免如地球上的蔬菜一样受到灼伤[类似的推理可以解释为什么地球上的植物在进行光合作用时会避开绿光。考虑到太阳在这个波长范围内释放出大量的能量，这样做似乎很奇怪，而且效率也很低。绿光过多或许不是一件好事。]。

稍微了解一下外星生命的行星家园和卫星，也有助于我们对其生活习性和生活方式作一些并非毫无意义的推测。例如，土卫六的地表极为寒冷，能量可能供不应求，原因在于它与太阳的距离大约 10 倍于地球与太阳之间的距离。因此，在土卫六上艰难生活的生物可能在与人类平均寿命相当的一段时间内都不移动，甚至不呼吸。与之相比，树懒简直跟蜂鸟一样勤快。土卫六上的居民可能不得不以这种乏味得让人思维呆滞的生存方式（对我们而言）活上成千上万年。

“我们的寿命非常短，因为紫外线辐射和其他类型的辐射[对我们的 DNA]造成了太大的伤害。我们的身体始终处于修复状态。当然，除此之外，身体还很温暖；我们必须快速行动、快速运动，”舒尔茨－马

库奇说。“不过，倘若你身处在这样的环境中，并持有一种非常寒冷的溶剂——甲烷或乙烷，那么你可以思考出很多令人兴奋、与众不同的可能性。”

卡尔·萨根善于设想令人激动不已、与众不同的可能性。1976 年，他和天体物理学家埃德温·萨尔皮特（Edwin Salpeter）一道在木星的天空中布置了一个假想的生态系统，里面充满了各种生活在空中的生物，两人将之分别命名为“沉降族”“浮空族”和“狩猎族”。“沉降族”或许可以进行光合作用，又或许以捕食盘旋在周围大气中的复杂碳分子为生。假想中的“浮空族”更为怪异：体形与城市大小仿佛，内部充满了氢气，确保其漂浮在高空。而长着翅膀的“狩猎族”会恐吓这些飞艇般的“浮空族”，俯冲而来，啃咬和撕扯它们那巨大的水母状身体。

迄今为止，天文望远镜和绕木星运行的宇宙飞船都没有观测到任何有关此类动物的证据，而且我们有很多理由去认为气态巨行星天空中存在生命的可能性极为渺茫。（首先，这些行星的大气层分布不均且超级狂暴，高速气流很可能会经常性地将生物从宜居区域吹到致命的高温、高压区域。）不过，这项开展于1976年的研究是一次好玩有趣的思想实验，我内心中的“12岁的我”很激动地发现“浮空族”“沉降族”等词现在开始在严肃的科学话语中流行起来。

智慧生命：灰人入场？

说到思想实验，你听说过恐龙人吗？这种野兽是在加拿大古生物学家戴尔·罗素（Dale Russell）的脑海中诞生的。他试图设想：如果地球在6600万年前躲过了那颗著名的小行星子弹，一种脑容量相对较大的恐龙可能会进化成什么模样。

罗素将视线投向一种名为伤齿龙的真实恐龙身上，并假定自然选择通常偏爱智力较高的生物。最终他想象出了一种极具人形模样的奇妙生物：说话如鸟鸣，皮肤呈绿色且带有鳞片，手上长有三指，生殖器位于体内，胸部光滑平坦、无乳头。

如果罗素的描绘是正确的，那么无论发不发生上文所提到的戏剧性死亡事件，地球几乎注定会诞生人形霸主。有一些科学家非常确信自己正在做一些有意义的事情。其中最著名的一位是剑桥大学古生物学家西蒙·康威·莫里斯（Simon Conway Morris）。他一直认为，在类似的环境条件下，进化是一种可预测的事件，可以反复造就类似的结果。作为证据，康威·莫里斯列举了许多化石记录和我们周围的例子来论证趋同进化。例如，鲨鱼和海豚进化出了相同的基本身体构造，尽管它们之间的亲缘关系很遥远。在各种动物世系中，智慧已经进化了很多次；不同种类的生物，如章鱼和乌鸦，都显示出拥有使用工具的能力。（当然，智慧是一个既棘手又滑不留手的概念。人类倾向于将其定义为类似于人类的思考能力——随时随地学习、使用工具、支配邻居和控制环境，等等。这种偏见没有考虑到其他生物的进化历史或生态位，可能使我们对发生在自然世界中的一些认知成就视而不见。）

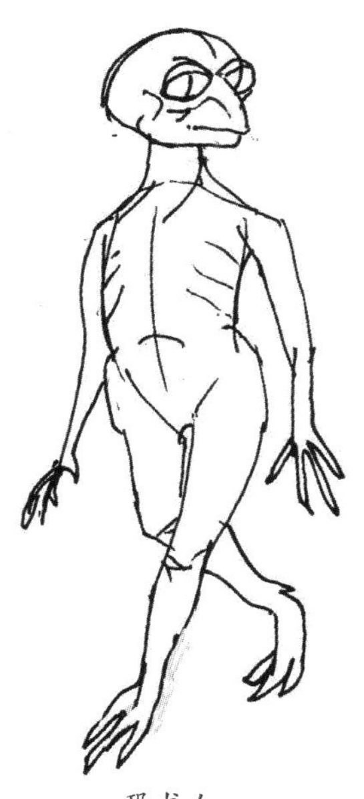

恐龙人

如果你是灰人的粉丝，那么你现在可能正在微笑，因为这种推理也适用于外星世界。康威·莫里斯说道，如果生命在类似于地球的系外行星上扎根，很大可能会演化出与地球生物（包括我们人类）相似的模样。

他在 2015 年说道："我认为，在任何不会沸腾或冻结的可居住区域，都会出现智慧生命，因为智慧会趋同。"同年，他出版了《进化的符文》（*The Runes of Evolution*）一书。"人们有充足的理由去相信：存在与人类拥有相似进化进程的生物，而且这种可能性真的很高。"

然而，并不是人人都认为进化具有上述的确定性。有些人辩称，在地球生命的发展史中，偶然性发挥的作用要大于趋同性——换句话说，杀死恐龙的小行星对地球生命史造成了极大的影响。已故的进化生物学家斯蒂芬·杰·古尔德（Stephen Jay Gould）在他的著作《奇妙的生命》

（*Wonderful Life*）中总结了这一阵营的观点："假如以伯吉斯为起点，让进化重来一百万次，我对像智人这样的物种能否再度进化抱怀疑态度。"

古尔德说的是位于加拿大落基山脉的著名化石遗址伯吉斯页岩（Burgess Shale），此处保存了5亿多年前地球历史上寒武纪时期的软体动物。在古尔德看来，要不是受小行星撞击地球以及灾难性火山爆发之类事件的影响，这些古老的怪诞生物几乎都有可能最终主导地球上的生物进化。没有什么事情是提前规定好了；诞生生命的黏稠浓汤并无特别在之处，也并不天生比其他生命源泉更优秀。

哈佛大学进化生物学家乔纳森·洛索斯（Jonathan Losos）写了一本专门探讨偶然性与趋同性的书，名为《难以置信的命运：运气、机遇和演化的未来》（*Improbable Destinies: Fate, Chance, and the Future of Evolution*），深入讨论了恐龙人的问题。他认为有智慧的外星人不太可能与我们长得相似。洛索斯说，尽管地球上的许多生物具有趋同的类似形态结构，但也存在很多孤例，例如"光荣的"鸭嘴兽。假如地球和智慧类人生物是完美匹配的话，那么我们为什么需要40亿年才能进化出来？在全部化石记录中为什么都找不到其他类人生物的四散存在呢？

进化所依赖的形态和功能在进化之前便已存在，任何一个患有背疼的人都可以理解这一点。几百万年前，我们的类猿祖先开始在非洲大草原上直立行走，而在此之前，自然选择已将其脊柱扭转了90度，以适应树上生存。直立行走迫使脊柱承受新的压力和负荷，时至今日，脊柱仍然不堪承受。

起点很重要。洛斯说，两个种群或物种之间的关系越遥远，它们越不可能采用相同的方案来解决进化问题。（例如，信奉偶然性的群体对恐龙人持有不同的设想，他们将伤齿龙的血统考虑入内。伤齿龙是一种兽脚类恐龙（此一恐龙分支最终演化成鸟类），因此，在支持偶然性的人们看来，恐龙人基本上是一种体硕头重、可能是持有武器的乌鸦。在《难以置信的命运》的一幅插图中，这种恶棍鸟挥舞着一根长矛。）

在洛索斯看来，对于那些希望搜寻到灰人或任何其他人形异域生物的外星人搜寻者来说，这是个坏消息。“另一个星球上的生命对于人类来说遥不可及。”他说道。

洛索斯并不自称知道智慧外星人会长什么模样，但他认为，与20世纪80年代电视迷你剧《V星入侵》（V）中的灰人或者蜥蜴人（可能是原始恐龙人的邪恶表亲）以及《星际迷航》中的所有外星种族（基本上只是换成新外形的人类而已）相比，2016年的电影《降临》（*Arrival*）中长相古怪、用水蒸气写字的七肢外星人的形象更为深思熟虑。

“我的猜测是，外星人的生命形态将会极为不同——与人类几无共同之处，因此，我们也许很难意识到他们也是生命体，接下来寻找与之沟通的方式也很困难。”洛索斯说道。

因此，关于灰人的“真实”程度仍无定论。那么，为什么每当我们听到外星人这个词时，他们就会浮现在脑海中呢？其中一部分原因肯定与那些长相古朴、脸庞皱皱巴巴的《星际迷航》生物及其先辈有关。在计算机特效变得精美之前，电视和电影中的外星人都是由演员扮演的，给演员戴上面具或者将其皮肤涂成蓝色，要比设计出复杂精巧且富有想象力的装束便宜得多。[我不是故意跟《星际迷航：原初系列》过不去；

剧中的某些外星人——比如，霍塔人——非常富有想象力。但毫无疑问的是该剧中仍有很多人形生物。《星际迷航：下一代》（*Star Trek: The Next Generation*）在1993年播出的一个剧集中解释说这是一个巧合，并将原因追溯至很久以前一度盛行的定向泛种论。］该时期是科幻的形成期，因此外星人被锁定为人形，并成为后世的原型。

原因不止于此。另一个原因是，我们更在乎自己可以认同的角色。无论背景故事如何惊心动魄，我们依然很难与一个有知觉的气尘云团产生情感共鸣。

数字生命

无论进化为智慧外星人“选择”了何种形态构造，都可能无法将其长期困在身体里面。一些天文学家和天体生物学家认为，当我们最终与地外生命取得联系时，沟通对象将会是机器。

这一观点的背后推理是：尽管人类真正进入技术阶段（无线电通信、航天飞行和手机时代）仅有一个世纪，但是我们业已发明了比我们自己的大脑具有更强处理能力的计算机。不用多久，我们将会开发出无比强大的人工智能，我们可以与之融为一体，将自己上传，成为不朽的存在。（除非这个超级聪明的AI化身天网[12]摧毁人类。许多人担心会出现此种可能性，包括伊隆·马斯克（Elon Musk）。他声称流氓、不受管制

⑫ 译注：天网(Skynet)，是电影《终结者》里一个人类于20世纪后期创造的、以计算机为基础的、人工智能防御系统，最初是研究用于军事的发展，后自我意识觉醒，视全人类为威胁，以诱发核弹攻击为起步，发动了将整个人类置于灭绝边缘的审判日。

的人工智能是威胁我们生存的最大威胁。）

未来学家雷·库兹威尔（Ray Kurzweil）预测，这场改变世界和人类命运的事件将在2045年左右发生。SETI研究所的资深天文学家塞思·肖斯塔克（Seth Shostak）强调说，即使库兹威尔的预测最终偏差了几个世纪，不过，到时依然会出现如下情形：任何外星人都能打开一扇微不可见的小窗口询问我们早餐吃了什么。而且，我们的星际伙伴几乎不可能对外星培根产生狂热，因为他或她的文明肯定比我们的文明古老得多（假定我们的文明轨迹具有典型性）。

对于像肖斯塔克这样的SETI科学家来说，这可不是无聊的臆测：我们将会看到，此类猜想还可以指导他们的外星生命搜寻策略。

第4章

外星人过性生活吗?

显然，他们的性生活还未过够，否则他们就不必一直带着已翻得卷角的人体解剖学教科书和润滑过的探针来到这里了。

但是说真的：如果地球上的生命具有借鉴意义的话，许多地外生命物种可能会变得忙碌。

生物学家、不列颠哥伦比亚大学生物多样性研究中心主任莎拉·奥托（Sarah Otto）说：“考虑到生命进化的频率、多种多样的进化方式和外观形态，如果另一个星球上没有发生基因混合，那对我来说真的很意外。”

请注意术语“基因混合”（genetic mixing），因为这就是性的全部意义。这是生物体使其后代的基因组产生多样性的一种方式，以帮助幼体更好地应付不断升高的温度、新型疾病、烦人且无法摆脱的寄生虫，

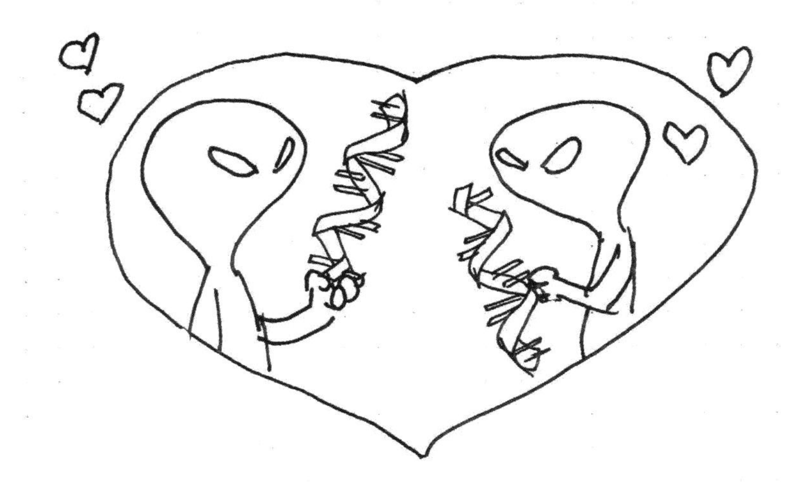

以及大自然可能给他或她带来的一切。[①] 爱、快乐、赋权和复仇纯粹是次要的考虑因素，它们只是诱惑我们越过基因混合终点线的诱因而已。

遗传的灵活性和变异性必须非常重要，因为性以及与之相关的成本是普遍存在的——所有鸟类和哺乳动物、几乎所有的爬行类动物和两栖类动物、最酷的植物（花朵！）都有性行为。想一想：无性繁殖是简单易行的，进行无性繁殖的生物将自己的基因100%遗传给后代。除非你想把生殖提升到纯粹形而上学的层次，否则生殖和一般生命的全部要义就在于传递基因，而性就像一位极为大胆的股票经纪人，要从总收入中

① 这个广为接受的观念被称为红皇后假说（Red Queen hypothesis），因为它能激发人们想象出一种场景，而性在其中起到帮助小动物适应不断变化的环境的作用。正如刘易斯·卡罗尔的《爱丽丝镜中奇遇记》（*Through the Looking-Glass*）中红皇后所说的那样："在这个国度中，必须不停地奔跑，才能使你保持在原地。"

抽取50%的佣金。

但基因混合游戏并非全与性有关。虽然雄性的外生殖器使一切变得更有趣，但它们并非绝对必要。例如，虽然细菌并不是有性繁殖，它们只是复制自己的DNA，然后一分为二， 但是这些小东西仍然会设法获得外来基因，方式不少于三种。第一种方法是结合（conjugation）：某个细菌借助一个特殊的桥状结构将一些基因（在许多情况下，是若干DNA分子组合形成的怪异、微小的环状结构，又被称为“质粒”）直接转移到另一个细菌体内。第二种方式是转导（transduction），病毒将遗传物质从一个微生物传播到另一个微生物身上。最后一种方式是，细菌有时会吸收在环境中自由漂浮的DNA，就像嘬吸细小的意大利面条一样。此种方式的技术术语被称作“转化（transformation）”。出于某种原因，我们暂且称之为“基因啜食”。

这些策略可能并不是为了基因混合而特意进化出来的；对细菌来说，基因混合可能只是一种对自身有益的副产品。例如，奥托说，驱动结合的动力可能是质粒渴望自我复制的自私欲望。基因啜食可能主要是为了获得免费餐。

我们有理由假设：外星微生物也在做着类似的事情，四处攫取遗传物质的片段（再次提醒，我们不能假定此处提到的遗传物质就是DNA），要么来自彼此，要么来自环境。但奥托说，这种漫不经心的方法不能很好地适用于大型生物，因为它们拥有大量细胞，借此法新获得的遗传信息不够分。这就是我们发生性行为的原因——或许同样适用于体型较大的外星人。

在一所堪萨斯州公立学校推出的一本宣扬禁欲的小册子中，奥托用恰如其分的委婉说辞提道：“大型生物可能会采用一种更正式的方式来交换基因。”

在外星球上，交换基因的更正式方式是什么？嗯，在我看来，地外生命的闺房几乎任何东西都可以进入，主要原因有二：①无限（或庞大）宇宙 = 无限（或广泛）性变态；以及②且看地球生物的疯狂性生活！以下是一个规模很小的抽样：雄性臭虫绕过雌性的生殖道，用注射器状的尖锐阴茎刺穿可怜雌性的体壁，然后将精子注入进去。[“创伤性授精”（traumatic insemination）是你讨厌臭虫的另一个理由，该术语便是用来描述这种可怕行为的实际用语。] 在黑暗的海洋深处寻找配偶的雄性琵琶鱼在成年以后会永久性地“性寄生”在雌鱼身上。它们用可怕的尖牙紧紧夹住雌性的肚子，分泌出一种化学物质将彼此的肉体融为一体，堪称终极版的“至死方离”。蛇类拥有精巧的尖刺状阴茎——实际上有两个，但是每次只使用其中一个——用于锁住雌蛇的生殖道，防止她在交配完成之前爬走。有些雄性动物在交配过程中根本不使用阴茎，例如，蜘蛛使用一种被称为须肢的改良型口器转移精子。

以上将生物分为雄性和雌性的观点也许有点偏狭：我们没有充分的理由认为某个地外生命物种将会有两个独立的性别。毕竟，地球上的许多生物——包括蚯蚓、大多数的蛞蝓和蜗牛，以及绝大多数的植物——都是雌雄同体的。而另一极端的现象是，某些真菌物种却拥有数十乃至数千种不同性别。[②]

若干猜想

支配外星世界的一定是生命的多样化和怪异性，与地球一模一样。但这并不意味着我们无法对地外生命的性生活进行任何有根据的猜测。比如，奥托说，在进化出性行为的大多数星球上，性行为可能需要由两个个体参与，而不是三个、四个或十二个。

她说："这是因为性生活的成本会随着所需伴侣数的增加而上升。""寻找伴侣需要耗时间等待，找到了还要冒着被拒绝的风险，所有这些成本都会随着亲密结合所需伴侣数目的增加而飙升。"

② 在我们继续讨论之前，此处对蛞蝓的交配行为补充一个简略的备注：有时候，香蕉蛞蝓的阴茎会在交配过程中卡在伴侣体内。如果阴茎拔不出来，其中一只蛞蝓就会将它咬掉——这个过程被称为"阴茎截除"（apophallation）。没错，香蕉蛞蝓在交配过程中通常会咬掉自己的阴茎。被截除的阴茎不会长回来，但这无伤大雅：身体残缺的蛞蝓还有一个后备计划——成为全职雌性。

无需担心，恋物癖怪客们。这并不意味着外星人无法举办疯狂派对或此种行为不存在。奥托谈论的是地外生命可能存在的性需求，而不是它的偏好。

此外，地外生命的机动程度越强，其物种就越有可能拥有单独的性别。地球生命的强大模式便是如此：奥托说，94%的植物是雌雄同体的，而绝大多数的动物都不是。这一模式非常合理，大多数进化模式莫不如此。如果你像仓鸮（猴面鹰）或蓝鲸一样四处活动，你找到配偶的机会就很大。但如果你确确实实地扎根于某个地方，那么与自己恋爱可能是唯一的选择。

我们似乎有理由作出以下推测：生活在气候剧烈变化的行星上的外星人通常也会像人类一样，依靠遗传来确定婴儿的性别。你可能没有意识到还有其他方法也可以做到这一点。大自然总能带来意外的惊喜。例如，就许多产卵的爬行动物而言，后代的性别取决于孵化温度。以海龟为例，巢的温度相对较高时，孵化出的小海龟为雌性，而温度较低时，幼龟为雄性。在一定的适中温度条件下，幼龟的性别是雌雄各半。

如果环境温度迅速从温暖变为炎热，显然对海龟很不利。雄性会首先死绝，这是它们应有的宿命。雌性则紧随其后，曝尸荒野，无人埋葬。可悲的是，如果我们的星球继续升温，地球上的许多爬行类动物就会遭此命运。

哦，最后再说一句：如果外星人确实不时地造访地球，探究人类，那么他们这么做可能仅是出于对科学的好奇心，而不是卑鄙的肉体欲望。对于技术先进到足以抵达地球的任何生物来说，他们可能早已蜕去湿乎乎的皮囊，变成数字生命，无需性生活了。但是，假如我们能够以某种方式弄清楚如何与智慧如此超绝的地外生命进行交流（“假如”一词要大大强调），我们或许就可以深入他们的庞大历史数据库一探究竟，了解他们还是生物体时在忙些什么。也许，我们可以借机摸索出一套创建绝佳 VR 色情系统的技术规格。

第5章

我们在寻找什么呢？

珀西瓦尔·洛厄尔（Percival Lowell）坚定地相信火星人的存在——具体来说，随着这颗行星变得日益干燥，奄奄一息、口干舌燥的火星生物绝望地将水从极地冰盖运送到温带地区。在1895—1908年间，这位美国天文学家出版了三本书，详细描述了“异常干渴的火星人”的所作所为。他的论据是红色星球上存在一个由众多漫长笔直的运河组成的庞大运河网络。洛厄尔在亚利桑那州的弗拉格斯塔夫建立了一座天文台，透过其中的一台望远镜观察到数量近200条的所谓“运河”。（洛厄尔天文台成立于1894年，至今仍是一个重要的研究机构。）

在洛厄尔的眼中，证据不止于此。例如，1908年，他在洛厄尔天文台的一名同事维斯托·斯里弗（Vesto Slipher）宣布在火星大气层中发现了水蒸气，这表明火星可能还可以维持身材矮小、皮肤绿色的土木工程师们的生存——至少短时间内没问题。斯里弗的发现几乎肯定是错误的，因为在火星稀薄的大气层中，二氧化碳占95%以上，水的含量极少。尽管如此，在20世纪的科学界，他仍然享有最显赫的名声，无人可以夺走。[发明全电子电视机的费罗·法恩斯沃思（Philo Farnsworth）屈居第二名，但名声远不及斯里弗。]

当然，洛厄尔弄错了。火星上并没有遍布整个行星的灌溉系统。在当时，许多天文学家都持有与洛厄尔相同的论点。争论最终于1965年一锤定音。同年，美国航空航天局的“水手4号”航天器近距离拍摄了火星地表，照片显示火星地表遍布陨石坑，但令人遗憾地是，并未发现运河和干尸的存在。

这个小故事并不代表着寻找外星人的工程项目是一种不可思议、愚蠢或毫无意义的行为。事实上，研究人员仍然在睁大眼睛搜寻巨大太空结构体的痕迹——正如我们将要看到的那样，他们在几年前就得到了诱人的线索。 但在大多数情况下，天体生物学家所关注的外星生命要比洛厄尔所描述的火星人要小得多，因为在整个银河系中，微生物和其他相对简单的生命体在数量上可能会远远超过具有智慧的大型野兽。在我们自己的太阳系中，情况尤其如此。我们对太阳系的探索已经取得了一点成就。借助宇宙飞船和望远镜，我们并没有在火星的红色小山丘上发现任何雕凿而成、具有佩特拉古城[①]风格的房屋，也没有在木星的云海

① 译注：佩特拉古城（Petra）位于约旦南部沙漠，整个古城坐落在海拔1000米的高山峡谷中，几乎全是在岩石上雕凿而成。

之上发现一座闪烁着瓷白色光芒的“沉降族之城”。

外星气体

要想收集外星微生物，有以下几种不同方法可供选择：首先，你可以趁这个小家伙在方便（将气体排放到周围空气或土壤中）的时候抓住它。科学家们已将这一策略投入实践，其中最著名的是美国宇航局的“海盗1号”（Viking 1）与“海盗2号”（Viking 2）登陆器所进行的实验。两者同于1976年登陆火星，时间仅相隔6周。

两个探测器共进行了3次生命探测实验，其中两次旨在检测作过特别标记的碳，如有活的微生物，其释放的气体中就含有这种碳。“海盗们”在火星的土壤中检测到了有趣的化学信号。时至今日，仍有人认为，登陆器发现了火星生命的证据，后面我们会加以讨论。

后来，欧洲与俄罗斯合作研制的名为“火星外气体追踪轨道飞行器”（ExoMars Trace Gas Orbiter，简称TGO）的探测器于2016年10月抵达火星，并在18个月后开始在火星的大气中嗅探甲烷。甲烷之所以能让天体生物学家兴奋是因为它是一种潜在的生物印记；地球大气层中超过90%的甲烷是由生命生成的。（没错，牛屁是著名的贡献源，但自由生活的微生物却是主要的甲烷生产者。）由于地球上的望远镜曾多次在红色星球的大气中观测到明显的缕缕甲烷，而且美国宇航局的“好奇号”探测器曾于2013年底和2014年初缓慢穿过一缕状似羽毛的甲烷气流，因此在过去的15年间，人们一直渴望解开火星上的甲烷之谜。令人兴奋的是，这些甲烷肯定是近期才排放出来的，因为来自太阳的紫外线辐射会分解火星大气中的甲烷分子，自其出现之日算起，只需几百年就会分解殆尽。（与地球不同，红色星球没有能屏蔽紫外线的臭氧层。）研究人员们希望TGO能帮助他们确定红色星球中的甲烷体量，以及甲烷来自何处。

将生物印记搜索扩大到太阳系之外的地方并非不可能——如果一切按计划进行，外星人搜寻者们将很快开始这项工作。美国宇航局耗资88亿美元建造了“詹姆斯·韦伯太空望远镜”（James Webb Space Telescope，简称JWST），人们热切期盼它能接替著名的哈勃太空望远镜（Hubble Space Telescope）。JWST将于2021年发射，随后就会对邻近的一些系外行星的大气层开展仔细观测。在那之后的几年内，一组建造在地球表面的行星探测器将加入JWST的行列——欧洲超大型望远镜（European Extremely Large Telescope）、巨型麦哲伦望远镜（Giant Magellan Telescope）和30米望远镜（Thirty Meter Telescope）。美国航天局还正在另外研制一个能开展类似工作的航天器——“广域红外探测望远镜”（Wide Field Infrared Survey Telescope）。该望远镜定于21世纪20年代中期发射，但截至本书撰写之时仍处于预算不足状态，因此不太清楚它最终能否离开地球。

如何界定“邻近”？嗯，这取决于母恒星的亮度，以及地球离它有多远等因素。康奈尔大学卡尔－萨根研究所所长丽莎·卡尔特内格表示，对于JWST来说，40光年估计是一个非常合理的最远距离。在这个半径范围之内，我们已知若干可能宜居的行星，其中包括一些与地球大小大致相等的行星：比邻星b（4.2光年远）、罗斯128b（10.9光年）以及恒星TRAPPIST-1周围的几颗行星（39.6光年）。至于类似的系外行星，我们可能还会很快找到更多，而且数目将会持续增加。

目前，JWST还无法探测所有这些系外行星；它的大气调查工作仅限于从望远镜的角度观测那些从主恒星面前经过的“过境”行星。TRAPPIST-1周围的行星会从主恒星面前过境，但罗斯128b却不会。在本书撰写之际，比邻星b的情形尚无定论。

无论如何，如果JWST在TRAPPIST-1f的大气中检测到甲烷，卡尔特内格和她的同事无疑会感到兴奋，但他们倒不至于高兴得翻跟头。在地球上，并非所有的甲烷都来自微生物和牛屁股——地质作用也可以制造出这种气体，例如某些岩石和热水之间的相互作用。而在另一方面，若JWST检测到大量氧气，肯定会让人们倒吸几口凉气，因为氧气是一种更为强大的生物印记。21%的地球大气由双原子氧气（O_2）构成，而几乎所有的氧气都来自植物和进行光合作用的微生物。如果一名邪恶的天才（可能拥有媲美维斯托·斯里弗的辉煌名声）明天设法灭绝了所有的绿色植物和微生物，那么地球空气中的氧气可能会在几百万年内消失殆尽，而氧原子则会被逐渐固锁到其他分子中，如水和二氧化碳。

但是，有一些研究人员仍然会稳稳当当地等待额外证据的出现，才会放弃系外行星多样性理论。毕竟，在一个奇异的星球上，奇异的化学反应可能会让非生物氧的存留时间比我们想象的更长[②]。例如，在某些

② 译注：科学家们发现氧气存在非生物过程，在紫外线的照射下，液态水能够在氧化钛存在的条件下产生氧气，并且出现负离子，这种光催化反应可能是宜居系外行星上提供非生物氧气的重要过程。

行星上，无需菠菜或强效大麻的存在，来自母恒星的辐射便能将大气层高处的水分子或二氧化碳分子分解，产生大量的氧气。卡尔特内格（和许多其他科学家）会很乐意透过JWST看到氧气与甲烷一起盘旋的场景。在混合状态下，两种气体中的任意一个都无法存留很长时间——它们很容易发生相互反应，产生二氧化碳和水，因此同时发现两者将会是一个大事件。

卡尔特内格说："据我们所知，若在宜居带中的某个行星上同时发现了某种还原性气体和氧气，除了生物学，我们没有别的解释。"（在氧化还原化学反应中，还原剂会失去电子，而氧化剂则会获得电子。在上文所概述的甲烷-氧气反应中，甲烷是还原剂，氧气是氧化剂。）

当然，不能保证任何近到足以让我们偷窥到的外星人都会进行光合作用，也不能保证万一他们真的这样做了，他们会在此过程中制造出大量的氧气。毕竟，地球上一些古怪的光合细菌会在光合作用过程中将硫作为副产品制造出来。也许，TRAPPIST-1f上的唯一居民是吃岩石的微生物。它们生活在地下500英尺（约152米）处，将比它们更小的微生物当作宠物饲养。在这方面，地球实际上提供了一个很好的警示。自很早以前开始，光合作用便在地球上进化出来了，但一直到24亿年前，氧气才开始在大气中缓慢积聚。直至6亿年前左右，氧气或许才能够被检测出来——6亿年的时间仅占地球生命历史的15%。一些研究人员建议，在一氧化碳缺失的情况下，早期地球的生物印记更可能是甲烷和二氧化碳。

一些科学家强调，我们不应该过于关注氧气。为了帮助外星人搜寻者们不妄下定论，几年前，麻省理工学院的天体物理学家萨拉·西格（Sara Seager）和她的同事威廉·贝恩斯（William Bains）与亚努什·佩特科夫斯基（Janusz Petkowski）汇总了14000种潜在的生物印记气体。如果你把一些与某个外星球有关的信息拼凑到一起，你便能从如此众多的物质中筛选出一些有希望的目标。 例如，西格和她的同事们发现，在岩质行星上，若大气层以氢气为主，那么氨气（NH_3）、氯甲烷（CH_3Cl）和一氧化二氮（N_2O，可以制作掼奶油的奇妙气体）都是良好的潜在生物印记。

如果所有这些可能性和注意事项让你感到头晕的话，我对此致以歉意。不过，有太多东西需要我们加以考虑：外星世界的种类不胜枚举，因此外星生物的谋生手段也数不胜数。不幸的是，多样性和不确定性对于一部分人来说并不是好事，因为他们所喜爱的科学发现必须是惊天动地、划时代的，并且还要像军人的发型一样干净利落。

西格说："我们永远无法百分之百的确定。""我们或许只有99%的肯定，或90%的肯定。事情是没法完美的，永远不会，无论我们做什么。看看大气层便知道了。"

贝恩斯对此表示赞同。另外，他还强调说，这种百分比博弈是科学发现的标准，而评估科学发现的标准则是它们碰巧产生结果的可能性。这就是著名的p值。如果p值大于0.05，那么测量结果有超过5%的概率是由偶然性造成的，而研究结果能在一个不错的期刊上发表的可能性为0%。

"真正有趣的是：如果我们发现五颗行星，它们有80%的可能性[拥有生命]，怎么办？”贝恩斯说。“我们现在很确定宇宙中有生命存在。因此，新闻头条就会写到，‘科学家们证明了宇宙中存在生命。’然后，就有像你这样的人（指我）走过来说：‘太棒了！在哪儿？’我们会说，‘我们也不知道。’事情就会变得棘手了。”

外星生物圈也可能以其他方式泄露他们的存在。1990年12月，美国宇航局的“伽利略号”（Galileo）太空飞船在飞往木星的路上飞掠地球，在地球引力的辅助下获得了提速。在飞越地球期间，“伽利略号”仔细检查了我们星球的生命迹象，项目负责人卡尔·萨根及其团队将此称为指导未来搜寻地外生命的“对照实验”。探测器检测到氧气、甲烷以及窄带无线电信号，后者是智慧生命的有力证据，除非它们来自地方上专门播报体育类谈话节目的电台。“伽利略号”还发现了另一样东西——地球反射太阳光的模式。在反射回去的光线中，波长比红色光更长的光线比例大幅上升，而红光波长却是人眼所能看到的最长波长。（但我们不希望过于以人类为中心。响尾蛇属的颊窝毒蛇以及某些蟒蛇和蚺蛇，可以看到波长更长的光线——红外线或热量。这种适应性使它们即使在完全黑暗的环境中也可以发现温血猎物。）

此种现象被称为“红边（red edge）”效应，是光合作用的结果。植物和光合微生物并不利用红外线，因此将之反射回太空。天体生物学家据此推断，在拥有食光生物的系外行星上，类似的事情也可能会发生。对此，他们抱有开放的心态：外星世界的临界光可能是绿色、蓝色或紫色，取决于星球上的植物用何种色素开展光合作用。

还有更奇特的方式来解析外星光线。地球上的某些珊瑚在暴露于紫外线辐射中时会发出绿光或红光，可能是为了防止自己被晒伤。这一现象的背后逻辑是，珊瑚并没有将具有潜在破坏性的紫外线吸收到它们的组织中，而是将其转化为更安全、能量更低的光线。卡尔特内格及其康奈尔同事杰克·奥马利（Jack O' Malley）在最近的一篇论文中推测：如果一些外星生物做着同样的事情，那么在一场强大的太阳风暴之后，我们有可能发现绚烂的光芒冲刷着他们的世界。

在整个生命搜寻游戏当中，我们还是一个新手。我们尚不确定有哪些工具、搜索策略、目标行星或生物印记值得占用我们的大部分时间和注意力。

美国宇航局科学任务理事会（Science Mission Directorate）负责人托马斯·佐伯琴（Thomas Zurbuchen）说："我们跌跌撞撞地前行。""我们就像进入一间黑暗的房间，尽管我们不断照亮它的各个角落，但每隔一段时间，就会有很多全新的房间连接到这个房间。我认为这也将成为未来会发生的事情。"

零星碎片

搜寻地外生命的任务也将目标锁定在假定存在生物自身的零星碎片之上，这是一种更为直接的方法，对于探索那些栖居生物不会在空气中留下任何印记的行星尤为重要，如地表之下藏有海洋的木卫二（Europa）和土卫二（Enceladus）。

例如，美国宇航局的"火星 2020"（Mars 2020）探测器以及欧洲与俄罗斯联合研制的"火星外气体追踪轨道飞行器"在 2021 年登陆红

色星球后，将在火星上寻找化学化石——即成分复杂的有机物，可能曾是古代微生物的一部分。也许，其中一个机器人会偶然发现一堆氨基酸，或一团脂肪分子（细胞用来构建自身细胞膜的素材）。

顺便说一下，仅仅发现古老氨基酸还不够，因为这些构建蛋白质的成分在整个太阳系中天然存在。天体生物学家也希望在样本中看到“偏手性”[③]的证据。氨基酸和许多其他生物分子往往具有一对镜像结构，排列方式与我们的双手一样。在地球上，生命只使用“左手性的”氨基酸（以及“右手性的”糖），因此在火星上找到类似的失衡特征将会成为火星存在外星生命的有力暗示。

另一个关注点是DNA。有两个不同的研究小组正在开发可用于火

③ 译注：偏手性（handedness）是由法国著名的微生物学家路易 · 巴斯德发现的。他首先注意到一些分子具有使光偏向不同方向的两种形式（旋光对映体）。尽管这些分子的化学成分相同，但是在结构上它们是彼此的镜像——我们无法用这样一个分子填充被另一个分子占据的空间，就像我们的右手永远不能插进左手手套里一样。

星和其他外星世界的基因测序仪，一个由合成生命的先驱克雷格·文特尔（Craig Venter）领导，另一个设在麻省理工学院（成员中有加里·鲁弗肯）。DNA 并不能很好地替代化学化石；因为它根本不能很好地保存。因此，倘若最终飞往火星的一台小机器有了意外发现，那么这就预示着在不久以前甚至当下火星就有生命存在。而火星生命与地球生命都使用 DNA 的发现将强烈暗示彼此之间的关联——这一可能性并非完全不切实际，正如我们在第 2 章中所看到的那样。

假如我们遇到的奇异生物使用的生物分子组合与地球生物截然不同呢？好吧，只要这些外星人依然依靠液态水作为溶剂，我们仍然可以标记出与 DNA 对等的遗传物质。生物化学家史蒂文·本纳（Steven Benner）和一些持类似观点的人认为，所有能够支持达尔文进化论的遗传分子——记住，这是美国宇航局对生命所下定义的关键内容——都与 DNA 共有一个关键的类似之处：一个重复出现的电荷沿着长长的骨架上下移动。其中一个后果便是，电荷使得分子不会像折叠纸巾一样将自身折叠起来。DNA 带有负电荷，但外星分子可能带有正电荷；不过，没关系。本纳和他的同事们说，我们应该有能力设计出一种仪器，能够检测出这种带有正电荷的独特分子，然后将它发射到木卫二、土卫二或拥有海洋的其他星球，因为这些行星可能经历过第二次创世，从而诞生出与地球生命极为不同的生命形式。

不幸的是，我们必须在本部分的讨论中附上一些重大注意事项。对于身处遥远、寒冷星球的机器人来说，寻找生物分子——无论是保存下来的还是新鲜的——是一项棘手的工作。任何积极的检测结果都可能存在一些含糊之处，其他研究人员肯定会找到它们。科学家是一个在绝大数平常时刻都持有怀疑态度的群体，这种心态是他们工作职责的一部分。既然任何有关外星生命的假定发现都存在风险，那么他们就会对其吹毛求疵，其热情程度可堪与长颈鹿尸体边的鬣狗相媲美。

我们不必为此抱有怀疑。地外生命搜索设备曾掀起过两次热潮。一次是两艘“海盗号”火星探测器于 20 世纪 70 年代中期引起的。另一次发生于 1996 年。在那一年，一队研究人员报告说，在编号为“艾伦－希尔斯 84001”（ALH 84001）的火星陨石中发现了生命迹象（参见第 10 章）。

天体生物学家舒尔茨－马库奇说：“我认为，要想获得证据，真正需要做的是用显微镜观察，以确定能否看到细菌正在来回蠕动，并向你挥手。”“即便如此，也很难。人们仍然会说，‘哦，这也许是污染造成的。所有这些细菌也许是你从地球带来的。’”

因此，天体生物学家们热衷于将新收集到的原始样本从外星世界运送回地球。这样，他们就可以在自己的实验室中使用一切可用的高级设备来寻找生命。这个愿望可能会实现，但很难说何时能实现：“火星2020”漫游车将收集和暂存有希望的样本，但是，截至本书写作之时，美国宇航局并无计划拿到这些样本然后带回地球。

智慧的标志

我们的探索之旅早就远离洛厄尔所观察到的区域，但是现在是时候回到那里了，因为寻找智慧外星人的行动仍然在火热开展中。由于运河在最受关注的生物印记清单中排名第一，因此搜寻外星智慧生命的工作已经取得了很大进展。

当你看到首字母缩写词 SETI 时，你可能会想到“无线电信号”。我们有很好的理由产生这样联想：虽然有些项目试图观测超亮激光耀光，但在过去的 60 年里，SETI 的大部分观测工作一直使用拥有巨大碟形天线的射电望远镜，比如位于西弗吉尼亚州的绿岸天文台以及位于波多黎各的阿雷西博天文台（Arecibo Observatory），来搜寻窄带无线电信号。窄带信号的频率范围非常小，用收音机旋钮上的 AM 或 FM 档就可收到。

加州大学伯克利分校 SETI 研究中心的首席科学家丹·沃西默（Dan Werthimer）说：“在某一特定频率上注入大量能量，这可不是自然现象。”若信号是由星际气体云团、超大质量黑洞等自然形成物体产生的，那么它们的能量分布会极为分散。收听这些信号的情形并不像收听一个专门播放 70 年代摇滚音乐的电台那样令人厌恶，反而类似于略微旋转旋钮后所收听到的刺耳静电声，让人心情愉悦起来。

这样的窄带信号既可能是有意发送给我们，也可能是我们碰巧拦截到了外星人之间相互传输的信号——比如说，一名灰人指挥官在通信中责骂下属，因为后者未能完成每月的探测指标。无论如何，如果天文学家监听到某个窄带信号，并确认信号来自深空，那么他们会在铺满地毯的大厅里兴奋地侧翻，然后去一家高档箱包店，买一个天鹅绒衬里的盒子，以安放即将获得的诺贝尔奖章。不过，确认环节最为关键，因为误报是常见的事；地球及其周边区域的无线电信号非常驳杂。例如，2015年5月，俄罗斯天文学家监测到了一个神秘信号，最初他们以为信号来自距离我们大约94光年远的一颗恒星。然而，到了来年八月，他们才确定信号源自地球，可能是俄罗斯的一颗军事卫星发出的。

相比以往任何时候，如今外星信号监测的成功率或许更高，因为观测装备尤其是数据分析技术已经取得了长足进步。沃西默说，早在SETI项目的初期，天文学家仅可以同时扫描100余个独立无线电频道。现在他们大约可以同时扫描1000亿个。向来资金匮乏的SETI事业，最近获得了出生于俄罗斯的亿万富翁尤里·米尔纳（Yuri Milner）注入的大笔现金。米尔纳正在资助“突破聆听”（Break-through Listen），这是一个耗资1亿美元，为期10年的项目，旨在搜寻来自银河系与银道面中心、100个邻近星系以及离地球最近的100万颗恒星的无线电信号。“突破聆听”团队成员同时也正在做一些“光学SETI”工作，寻找激光强耀光。（“突破聆听”科学项目的基地为伯克利SETI研究中心；沃西默是该团队的成员之一。）

但这并不意味着机会很大。通常，SETI的望远镜一次只能观测一小部分天空，无论是对个别恒星开展针对性的搜索，还是耗费数月才能艰难完成的全天穹调查，皆是如此。这种策略非常适用于监测持续发出的强信号，因为望远镜迟早会监听到，但对于偶发事件，效果却差强人意。例如，如果地外生命发射出状如灯塔光束般的强光，每年只扫过地球一次，我们可能无法发现。出于这个原因，SETI 天文学家一直梦想着建立一套“全天穹、全天候”的系统。有些人正在为实现这一目标而努力，至少要实现对光学范围内的光进行全天穹、全天候的监测。沃西默加入了一个名为 PANO-SETI 的项目，旨在在世界各地建立测地线圆顶。每个圆顶的屋顶将被 126 个特殊的六角形透镜覆盖，用于收集广阔天空的光线。

它们可以搜索许多种频率不同的光线，频率范围从波长较长、慢吞吞的无线电波一直延伸至伽玛波段。后者的辐射能量极强，能使你的内脏像煎上等腰肉牛排一样发出嗞嗞响。

SETI 搜索遇到的另一个大问题是，无论靶定何种波长的光，我们都无从得知所搜寻的信号是否正确。如今，我们正在搜寻无线电和激光讯号，因为它们是我们自己使用并理解的技术；但不能保证地外生命也在使用它们。事实上，如第 1 章所述，我们有充分的理由认为，智慧外星人比我们更先进，也许先进程度还超出我们的想象，因此我们根本无法理解他们跨越银河系传送过来的信号，更不用说探测了。

当然，SETI 科学家已经考虑过这个问题。

沃西默说：“我认为很难预测一个文明会做什么。”“如果我以及其他致力于 SETI 的人正在做的事情是完全错误的，以至于在一两百年后，人们会因此而笑话我们，就像我们现在嘲笑 SETI 的早期设想（如生火和使用镜子）一样，我不会感到惊讶。”

但不确定性和被后代人嘲笑的可能性不应该阻止我们作出尝试。沃西默补充道：“我们必须借助现有的物理、科学知识和技术，去做自己[④]清楚如何去做的事情。”

啊，技术。这正是SETI科学家所真正追求的东西——并不是智慧的标志，而是外星科技的证据。事实上，SETI天文学家吉尔·塔特呼吁将该领域重新命名为“搜寻技术标记”，因为“智慧”是一个极为滑溜且负载过多的术语。我们有足够多的时间在地球上艰难地定义它——狗有智慧吗？老鼠呢？那么，我们该如何在宇宙中着手寻找智慧呢？

除了无线电或激光信号之外，还有许多理论上我们可以识别的技术印记。例如，如果未来的一台大型望远镜在TRAPPIST-1f的大气中发现了一种复杂的工业化学品——比如说，含氯氟烃（发胶的原料之一，众所周知，它能造成地球臭氧层空洞），那么我们可以相当自信地认为，该行星上居住着某些“先进的”生物。如果恒星TRAPPIST-1周围的所有行星，尽管离该恒星的距离各不相同，但都具有相同的宜人温度，那么许多天文学家就会据此推断那里进行了某种大规模的气候改造工程。不过，蠕虫或蛞蝓可能无法做到这一点。

还存在一些更有名的可能性。例如，1960年，理论物理学家弗里曼·戴森（Freeman Dyson）建议在恒星周围寻找庞大太阳能电池板阵列的证据。他推断，超级先进的外星文明可能会建造出这种所谓的“戴

④ 谁在乎呢？反正，他们都会嘲笑我们的衣服和发型。

森球体”（Dyson spheres），因为建造在他们家园行星地表上的太阳能电池板已经无法满足他们的电力需求。2015年，天文学家宣布，发现了某个与这个粗略描述相符合的东西。一颗被称为KIC 8462852、距离地球大约1500光年的恒星——以该项研究的负责人特贝莎·博亚吉安（Tabetha Boyajian）的姓名命名的“塔比星”或“博亚吉安之星”是其更为人所知的名字——在过去的五年左右时间里曾多次出现亮度骤降的现象，每次的下降幅度高达22%。研究人员并没有假定造成这一现象的原因是一个在其轨道上运行、建成一半的戴森球体挡住了部分光线。他们提出了一些自然的、科学界认为可能性更大的解释。不过，有些人确实提到“外星巨型建筑”是一种可行的可能性。该种可能性本身就足以令人兴奋不已了。

唉，巨型建筑理论现在几乎已经销声匿迹了。通过对这一古怪恒星的光线进一步观察，观测结果强烈暗示罪魁祸首是宇宙尘埃云。

与此类似的是，2017年秋天，坐落于夏威夷的一台望远镜首次观测到来自星际空间的一个物体正在快速通过我们的太阳系。此后，一些天文学家提出了一个相当荒诞的想法。这个后来被命名为“奥陌陌”（’Oumuamua，在夏威夷语中意为“侦察兵”）的天体的确很怪异：长约800英尺（约243米），宽约100英尺（约30米），看起来像一个巨大的岩石针。

事实上，奥陌陌的形状极其奇特，因此可能是一艘外星飞船之类的东西。不要把我的话当真。

哈佛大学天文系主任艾维·勒布（Avi Loeb）说：“可能这些探测

器一直都存在，只不过直到最近才被注意到而已。一旦我们开发出足够好的技术，比如说 LSST，我们就会突然看到所有此类东西。”LSST 指的是大口径全景巡天望远镜（Large Synoptic Survey Telescope）。这台功能强大的光学仪器位于智利安第斯山脉，尚未完工。2019 年左右上线后，LSST 每隔几晚就会勘测整个天空一次。

勒布补充道：“所以我认为，一旦我们抵达某个门槛，并且搜寻到了正确的信号，我们就有可能发现这些信号含有讯息。”“他们不只是发送无线电信号；他们拥有更复杂先进的技术。”

勒布并不是在下断言，他只是说有这种可能性。许多天文学家也同意这一观点。几个不同的团队（包括 SETI 研究所的研究人员以及“突破聆听”项目组成员）已将各自射电望远镜的碟形天线转向奥陌陌，希望能收到讯号。不过，到目前为止，他们什么都没有收到；这块神秘的巨石正在朝着太阳系的外围无声遁去，如同一个戴着面具的小偷逐渐消失在最深沉的夜色里。

奥陌陌和塔比之星是异常现象，它们看起来就不对劲，就像地铁上的无主箱包或沙皮犬（Shar-Pei）一样。沃西默说，天文学家应该留意去发现更多此类奇特天体，并且将搜寻范围扩大到过去。 他说，地球上或太空中的一些望远镜有可能已经发现了地外生命的证据，只不过价值不菲的奖品被埋在了一大堆无关数据之下。数据挖掘算法可以很好地将它挖掘出来。

鉴于我们真的不知道自己在搜寻什么，因此最终取得渴望已久的发现的人也许并非是 SETI 科学家。例如，发现高等外星生命证据的人可能是研究暗能量的物理学家，因为他或她在自己的数据中注意到一个奇怪的小错误。沃西默说：“如果你留意一下天文大发现的长期历史，其中大约一半的重大发现完全是意外中取得的。”

他举了脉冲星的例子。脉冲星是一种高速自转、密度超大的恒星残骸，一直向宇宙发射高能辐射粒子束。尽管它们持续不断发射这种粒子束，但自身的自转却使得粒子束看起来像脉搏跳动一样时断时续。想象一下灯塔的光束扫过周边岩石海岸的情景；这个类比很形象，风景如画的灯塔唤起童年时代去海滨城镇度假的回忆，那时的生活更简单、更美好。脉冲星是由一位名叫乔丝琳·贝尔（Jocelyn Bell）的剑桥大学博士生于 1967 年发现的。她是在对来自一台新建射电望远镜的观测结果进行分析后发现了它的存在。当时，她注意到一个奇怪的信号，每隔 1.33 秒重复一次。起初，这个信号把贝尔和她的博导安东尼·休伊什（Antony Hewish）给难住了。他们将神秘的信号源命名为“小绿人 1 号”（Little Green Man 1，简称 LGM-1），因为它的特征与当时的人们所认为的智慧外星人所发射信号的特征一致。尽管贝尔并非是一名 SETI 科学家，但她却是本来有可能最终找到地外生命之人。

可是，尽管她后来又发现了一个来自太空另一个地方、忽隐忽现的讯号，但她却认为地外生命与此无关——相反，这是一个人类从未见过的宇宙自然现象。[顺便说一下，这一发现为休伊什和天文学家马丁·赖尔（Martin Ryle）赢得了 1974 年的诺贝尔物理学奖。贝尔被拒之门外，她的一些同事认为这是一个不公正的决定，但贝尔说她接受该结果，因为当时她只是一名地位无足轻重的研究生。]

天体物理学家现在正在竭力去弄明白脉冲星/LGM-1的情形——事实上，那些信号就是所谓的“高速射电爆发”。这些来自宇宙深处的射电光爆发现象发生得非常快速、短暂，其中一些会反复出现。第一颗脉冲星是在2007年发现的，截至目前，天文学家已经发现了二十几个。它们可能源于黑洞融合或磁场超强的恒星尸体。或许来自地外生命。也可能不是，但谁知道呢？反正有可能。

第6章

地外生命躲在哪儿呢？

威廉·赫歇尔爵士（Sir William Herschel）是18世纪末至19世纪初最著名的天文学家。这位德国出生的英国人于1781年通过发现天王星而一举奠定了自己的地位。天王星是自拖加长袍和半人马时代以来首个新加入太阳系行星行列的成员。[①]随后，他对数千个深空天体进行了编目，弄明白了火星的极地冰盖随季节变化的现象，观测到了土卫二和

① 译注：拖加（toga）长袍是一段呈半圆形、长约6米，最宽处约有1.8米、羊毛织就的服装，兼具披肩、饰带、围裙作用，是罗马人的身份象征，只有男子才能穿着，而没有罗马公民权者更是被禁止穿着拖加。

其他几颗环绕巨行星的卫星，发现了红外辐射，[②] 以及提出了太阳上有生命的论断。

没错，太阳。和他那个时代的许多其他科学家一样，赫歇尔认为生物几乎遍布所有体积较大的行星和卫星。例如，伟大的德国数学家卡尔·高斯（Carl Gauss）沉迷于用镜子向“月球人”发信号，后者居住在离地球最近的岩石天体上。据迈克尔·克罗（Michael Crowe）于1986年出版的《地外生命之争：1750—1900》（*The Extraterrestrial Life Debate*, 1750—1900）一书所言，高斯在1822年给德国医生兼业余天文学家海因里希·奥尔伯（Heinrich Olbers）的一封信中写道：“如果我们能够与月球上的邻居取得联系，这将是一个比发现美洲更伟大的发现。”

这和太阳又有什么关系？好吧，赫歇尔认为照耀地球的恒星实际上是一颗行星。他认为，太阳辐射是从一圈围绕太阳的发光外壳上发出的，在外壳下面还漂浮着一层超级绝缘的“行星云层”。赫歇尔的这个观点源于他对太阳黑子的解释：太阳表面气候宜人，而太阳黑子其实是透过外壳和云层上的间隙一闪而过的地表片段。（我们今天知道，太阳黑子是太阳表面上磁场临时变得活跃的一些区域，其温度要比其他区域更低。

② 1800年，赫歇尔用棱镜将太阳光线中不同波长的光线分离开来，并测量了各自的温度。他测定出处于光谱红端之外的不可见光比我们所能看到的光线具有更高的温度。欧洲航天局的“赫歇尔空间天文台”（Herschel Space Observatory）便是以威廉和他的妹妹卡罗琳（Caroline）的姓氏来命名的。后者经常与兄长合作，并独立取得了重要发现。赫歇尔空间天文台于2000—2013年间观测了红外线下的宇宙。

不过，“温度更低”只是相对而言：太阳黑子的温度约为 8000° F（约 4427℃），而黑子以外区域的温度为 10000° F（约 5538℃）。顺便说一句，太阳外层大气（又称日冕）的温度最高，高达几百万度，能将一切烧焦。）

赫歇尔在 1795 年的一篇论文中写道，对于“身体器官已适应这个巨大球体特殊环境的生物”而言，太阳表面是个适合奔跑、嬉戏、争吵和打架的好地方。

对于赫歇尔关于太阳的论断，同时代的大多数同行并不赞同。后者认为恒星在一些非常基本和重要的方面区别于行星。（剧透预警：他们是对的。）天文学和太阳物理学在最近两个世纪内所取得的进展让我们对发现矮胖、暴躁的太阳人丝毫不抱有乐观态度。但是，在太阳系内外的许多其他宇宙位置，如今确实有可能居住有生命。在本章中，我们将简要介绍最有希望的一批。为了抚慰珀西瓦尔·洛厄尔备受折磨的幽灵，我们将从火星开始。

红而不死？

正如我们在第 2 章中所看到的，古代火星似乎是一个相当不错的生命摇篮。许多天体生物学家认为，如果在火星消逝已久的青少年时期，微生物确实曾在这颗红色星球上立足，那么如今它们仍有可能在勉力生存。

想想地球微生物有多么坚韧不拔。许多名副其实的极端嗜热物种在深海火山喷口附近繁衍生息，承受着高达 250° F（约 121℃）的温度，以及能将你的头颅像葡萄一样压爆的压力。还有些微生物能在滚热的泥潭中愉快地消磨几个小时的时光，而泥潭的 pH 值虽然低于电池酸液，却能将肌肉溶解。你应该对耐辐射奇球菌——“细菌小柯南”——的抗辐射能力有了充分了解，还记得吗？

SETI 研究所科学家约翰·拉梅尔（John Rummel）说：“进化可能会接受不及北方针叶林那么壮丽的生存方式，但[生命]通常不会离开，特别在面对温暖、潮湿东西的时候。”拉梅尔分别于 1990—1993 年间以及 1998—2006 年间两度担任美国宇航局行星保护办公室主任。“所以，考虑到火星的地表以下很可能是温暖、湿润的环境，我赞成火星上有生命的观点。”

没错：虽然红色星球干燥、寒冷的表面通常被认为是比拉斯维加斯更糟糕的居住场所，但在深埋地表几英里以下的含水层内部和周围可能有一些生命存在。我们甚至可能已经捕捉到了这种生命散发出的一丝气味——以甲烷羽流的形态存在，我们在第 5 章中曾有提及。

如果火星上的确存在生物群落，那么我们将来有一天或许能够近距离研究它们，但前提是火星的地下水系与未来人类探险者或身手敏捷的探测机器人可以进入的洞穴系统彼此贯通。

哦，如果拉梅尔的前职位引起了你的注意，此处略作解释：行星保护工作并不是将手榴弹高高扔向猬集而来的外星入侵者身上。相反，它的工作内容是尽量减小地球生命污染其他世界以及航天器将地外微生物意外地带回地球的可能性。考虑到一些微生物具有极强适应力，这是一个切实的担忧；细菌小柯南似乎完全有能力在飞往火星的长距离深空跋涉中幸存下来。

因此，美国宇航局要求所有将目标定为探索“特殊区域”（潜在的温暖潮湿地点，地球微生物也许能在那里生存下来）的着陆器或探测器在升空前进行严苛（且昂贵）的消毒。到目前为止，只有两艘“海盗号”着陆器被彻底擦洗过。以“好奇号”探测器为例，根据目前的规则，“好奇号”不被允许调查位于温暖的火星斜坡上的季节性暗条纹，一些科学家认为那是由液态水引起的。这令一些天体生物学家感到沮丧，他们希望将规则放宽一些。他们说，我们应该利用现有的工具，在最有可能存在火星生物的地方追寻它们的踪迹。但其他人（如拉梅尔）则拥护严格遵守规则，既出于尊重潜在的外星本土生态系统，也因为这样做可以使未来在火星和其他世界取得的天体生物学发现更容易解释。

拉梅尔说：“我们的底线是：寻找外星生命太重要了，代价太高昂了，决不能虎头蛇尾。”

金星

对现今的金星生命进行近乎赫歇尔式的臆测似乎很荒谬。毕竟，这个行星的表面温度大约为 860° F(约 460℃)，足以熔化锌或镉，而且由二氧化碳构成的大气层比地球大气层厚 90 倍。没有任何着陆器能够在这个毁灭性的地狱环境中存活超过 127 分钟，生命何谈立足，更不用说这样的境况已经持续了数十亿年之久？[3] 和火星一样，金星很久以前的

③ 为了满足你的好奇心，顺便提一下，此项纪录是由苏联的“金星 13 号”（Venera 13）探测器于 1981 年创下的。

境况与现在非常不同。众多航天器的观测结果表明，这颗离太阳第二近的行星在其历史早期就是一个温暖的海洋世界，与特克斯和凯科斯群岛（Turks and Caicos）一样适合居住。但金星贴近太阳的公转轨道最终葬送了这段历史。

类似太阳的恒星就像人一样：幼年时期相对暗淡，但随着它们迈向成熟，逐渐变得明亮起来。因此，当我们的太阳迈过青涩的青少年时期后，金星开始升温，海洋逐渐沸腾起来，水则被蒸发进入大气之中。水蒸气是一种强效的温室气体，由此导致金星的温度变得越来越高。这反过来又导致更多的海水被蒸发，进一步推高金星温度，如此反复。最终，与火星如出一辙，金星上几乎所有的水分都被太阳风剥离进入了太空，二氧化碳则在大气中积聚，直至最终主宰大气层。（正是截留热量的二氧化碳使金星变得如今这般炙热。）

同样与火星类似的是，金星可能仍然拥有适合居住的环境。不过，其位置却处于地面之上，而不是在地下。在距离金星地表约30英里（约48千米）的高空上，温度和压力非常类似于地球。当然，尽管金星上的云是由硫酸构成的，但微生物的生命力很顽强，还记得吗？因此，包括卡尔·萨根在内的一批研究人员提出，在那里有可能有生命存在。在金星大气的紫外图像中，可以见到深色条纹。天体生物学家德克·舒尔茨–马库奇甚至提出，这些条纹可能是由微生物造成的，它们能自行分泌硫磺防晒霜保护自己。

舒尔茨–马库奇认为，数十亿年前，金星可能有生命寄居，要么是土生土长的微生物，要么是搭乘陨石旅行至金星的地球小生物，要么两者都有。（由于金星比地球更靠近太阳，因此在数十亿年间，源自地球的陨石最终抵达金星的数量要远远多于金星陨石到达地球的数量。）

舒尔茨–马库奇说，生命极为坚强，“如同你家里的蟑螂一样。”如果金星人的远古祖先有时间从海洋转移到空中，那么金星人或许幸存了下来。

但这就是问题所在：没有人确切知道金星是何时陷入到了无尽苦难之中的，也不知道此次转变花费了多长时间。舒尔茨–马库奇说：“如果这是一次灾难性的突变，我可以想象得出，所有的生命都被消灭了，万物俱被灭菌消毒了，情况就是这样。”“但如果在那次灾难性的境遇中，没有发生此种情形，那么我认为生命如今可能仍然在坚持。”

他和其他一些人已经建议，通过向金星的大气层发射气球抓取样本（并且在理想情况下，将这些样本带回地球），理论上我们可以从中找到浮空生物。 不要笑：金星气球并非虚言。1985 年，苏联的“维加”1 号和 2 号（Vega 1 & 2）两个探测器便是用探测气球收集了金星大气的大量数据。然而，它们的任务都不是寻找生命。

地球

把地球放进这个清单做什么？好吧，我们可能都是火星人，第 2 章对此已有讨论。2013 年的一项民意调查显示，超过 1200 万名美国人认为（可能是来自外星的）蜥蜴人在管理这个国家。但这些并不是唯一的原因。一些科学家认为，在我们的星球上可能潜伏着一个未被察觉、完全独立的生命树系统，就在我们的鼻子底下存在一个“影子生物圈”。（语义说明：如果影子生物圈中的生物在地球上存在并进化过，那么它们可能是某种外星生命，但不是地外生命。）

如同本书中所有的疯狂想法一样，仔细一思考就会发现上面的想法并不疯狂。回想一下“正常”微生物（其后代包括水蛭、蜥蜴、豹子以及我们人类）在地球迅速兴起的历史，就会觉得整个生命起源过程可能并不是一件了不起的事件。或许，地球上的生命起源事件发生过两次、三次甚或十次。

如果存在第二次创世，那么从中诞生的生物可能会以一种截然不同的方式繁衍生息。例如，采用 DNA 和 RNA 之外的分子作为遗传物质，或者使用另一套氨基酸来构建蛋白质。事实上，上述关键性的生化差异可以用来解释为什么我们迄今为止都没有找到“怪异生命”的证据：标准的微生物研究方法适用于检测和培养我们所知道的生命。因此，追踪影子生物圈的工作将焦点放在奇异微生物上，它们要么行为怪异，要么生活在环境特别严苛或偏远的地方，如加利福尼亚州境内含盐度极高、富含砷的莫诺湖（Mono Lake）。十年前，一队研究人员在莫诺湖中搜寻奇异生物的踪迹时，发现了一种嗜极菌，它似乎将砷而不是正常情形中的磷掺入到自己的 DNA 中。然而，“似乎”是关键词。其他研究小组后来也发现，这种被称为 GFAJ-1 的顽强微生物确实需要磷；只是非常耐砷而已。

奇异生物的活动区域可能不仅限于像莫诺湖这样的怪异场所。事实上，你甚至可能已经目睹了它们的存在证据。特别是如果你喜欢在峡谷地带或南非的卡鲁（Karoo）盆地徒步旅行的话，你极有可能见过这些证据。世界各地干旱环境中的岩石通常在表面上具有一层黑色、有时闪闪发光的薄膜。这层膜一般被称为沙漠岩漆。这一现象在岩画地点最为明显，古代艺术家经常以沙漠岩漆为颜料描画鹿和舞者的形象。

令人惊讶的是，没有人确切知道沙漠岩漆到底是什么。分析显示，这一层超薄的薄膜含有黏土、锰、铁以及有机分子，但它的起源仍然是一个谜。一些科学家认为，沙漠岩漆是嗜锰微生物在过去的数十亿年间留下的沉积物构成的。这些假设出来的小生物喜欢藏头露尾，导致人们猜测它们可能是怪胎，由另一名进化之母诞下的异母兄弟。

拥有冰封海洋的星球

如果你认为金星和火星的干涸使得地球成为太阳系唯一拥有海洋的星球，那你赶紧去找一个蜂鸣器然后按下，因为你错了。

太阳系的外层空间充斥着大量的液态水；只不过，碰巧被埋在数英里的冰下而已。科学家们非常肯定，在被冰覆盖的木星卫星木卫二、木卫四、木卫三以及土星卫星土卫二、土卫六上都存在着地下海洋。一些观察结果表明，土星的另两颗卫星（土卫一与土卫四）、海王星的巨卫星海卫一以及矮行星冥王星上也可能存在地下海洋。[④] 称它们为海洋并不夸张；据信木卫二的含水量是地球海水总量的 2 倍。

你可能想知道，既然这些海洋身处黑暗、遥远、极寒的星球之上，那它们为什么没有冻结成固态呢？不要对自己按下蜂鸣器——这是一个很好的问题！答案在于一种被称为潮汐加热的现象。基本而言，这些卫星的母行星拥有强大引力，会拉扯和挤压卫星的内部，通过摩擦产生大量的热量。造成这一现象的原因是，这些卫星的轨道不是完美的圆形，引力牵引引起的潮汐隆起随时间推移而变化。潮汐加热也是造成木星卫星木卫一的内部剧烈翻腾、向外喷吐硫磺的原因，致使木卫一成为太阳系中火山活动最活跃的天体。（当然，冥王星没有母行星；它所经受的潮汐力来自自己的五个卫星。）在拥有海洋的星球核心深处，放射性元素的自然衰变所释放的热量也可能发挥了部分作用，对冥王星和海卫一而言尤其如此。

在那些外星海洋当中，有两个分别位于土卫二和木卫二的引起了天体生物学家的特别注意。部分原因是这两个海洋被认为与各自卫星的岩石核心接触，易引起各种复杂且可能催生生命的化学反应。另一部分原因是土卫二和木卫二真的非常非常酷。（木卫四和木卫三的海洋可能像三明治一样被夹在水冰层之间。即使你不是一名化学家，凭直觉也知道：水 + 水冰 = 无聊。至于其他拥有地下海洋的星球，我们对其内部结构的

---

④ 在冰冷、遍体鳞伤的土卫一上有一个巨大的陨石坑，使它看起来与死星相似，亦像一只凝视太空的巨眼。（死星（Death Star）是《星球大战》中由银河帝国建造的一座卫星大小的战斗空间站，配有一个能摧毁整个行星的超级激光炮。）抬头望过去，景象真的很酷。

了解并不充分，因此推测起来更加困难。）

作为太阳系中反射率最大的天体，让我们先了解一下土卫二的真实情况。2005年，美国宇航局发射至环土星轨道的“卡西尼号”（Cassini）太空船在土卫二上发现了喷射水汽和其他物质的喷泉，它们以每小时800英里（约1287千米）的速度从土卫二南极附近蜿蜒分布的“虎皮斑纹”裂缝中喷涌而出。喷泉的数量超过100个，它们喷出的物质共同形成了一道羽流，飘向数百英里外的太空——飘得如此遥远，以至于羽流中的物质成为土星E环的构成材料。这些喷泉观赏起来也是一道美景。在“卡西尼号”远景拍摄的一些照片中，喷泉的喷射流就像明亮、冰冷的卷须一样，使得土卫二看起来像一个正在发射的球形火箭，或一只圆滚滚的幼年钟形水母在夜间的海面上游荡。

在“卡西尼号”环绕土星运行的13年间（2017年9月自杀性地撞向这个星环环绕的行星），它多次穿越羽流，品尝过土卫二海洋的味道——因为喷泉的物质来自地下海洋。“卡西尼号”探测器虽然没有配备任何生命探测装置，但它确实发现了一些让天体生物学家兴奋异常的东西。例如，简单的有机化学物质、氢分子（H_2）和体量惊人的甲烷（CH_4）。后两种物质暗示土卫二的海底存在热液喷口，而在地球上这种富含能量的环境可能是生命诞生的地方。事实上，氢本身可以帮助维持生命：许多地球微生物贪婪地吞噬着氢。这些生物被称为产甲烷菌，因为它们的新陈代谢围绕着氢分子与二氧化碳之间的反应，最终产生甲烷（和能量）。所有产甲烷菌都属于古细菌域微生物——与细菌类似，但在进化上与之不同。许多极端微生物也是古细菌。

土卫二的直径只有313英里（约504千米），亚利桑那州大致能够完整容得下这颗卫星。

不要对在土卫二上发现生命的前景过于兴奋，且让我给它泼一点来自地下海洋的冰冷海水。最近的一些研究表明，包括这颗卫星在内的一些土星“内卫星”以及土星标志性的星环系统可能还很年轻。也就是说，它们可能不是45亿年前与土星一道形成的，而是形成于1亿年前左右，一些曾经的土星卫星被巨大的撞击所摧毁，残余的碎片相互结合形成了它们。这个假设的依据是土卫二等诸多内卫星轨道的特殊性（不包括土卫六，因为它被广泛认为是一颗古老的卫星），以及土星环的惊人亮度和低质量。该假设有一定道理：与木星、天王星和海王星等行星所拥有的单调、遗憾地退化了的星环系统相比，还有别的原因能使得土星的星环如此明亮和引人注目吗？

如果此种想法是正确的话，那么生命可没有那么多时间在土卫二上扎根。有点自相矛盾的是，“卡西尼号”在羽状物中发现了大量的氢，这实际上可能表明，这颗明亮的卫星不存在生命，至少生命没有繁盛起来。在地球上，由于氢分子会被产甲烷菌迅速吞噬，所以在地球的羽流（如果我们曾经有的话）中看不到很多氢分子。

现在让我们把视线投向木卫二。这颗木星卫星的直径比土卫二的直径长1940英里（约3122千米），几乎和地球的卫星一样大，因此上面含有更多的水。科学家们认为，木卫二的全球性海洋可能深达60英里（约

97 千米）。[5] 目前尚不清楚这片海洋离地表的距离有多近；科学家们对木卫二冰壳厚度的估计千差万别，从 1 英里（约 1.6 千米）或以下到约 20 英里（约 32 千米）不等。（也没人知道土卫二的冰壳有多厚。可能要比木卫二的冰层薄得多。）

木卫二看起来有点像一只布满血丝、用勺子舀走了虹膜和瞳孔的眼睛，或者至少像是一团被捣成凝胶状的污渍（我猜是用勺子的背面捣的）。在上面的类比中，毛细血管是长长的冰裂缝，里面充满了“棕色的泥状物”（brown gunk）——科学家们就是用这个技术术语来实际称呼此种物质的。实验室内的实验表明，这些泥状物是来自地下海洋的盐分，它们抵达地表并被那里的强辐射环境褪去颜色。木卫二的地表存在极强的辐射：与其旅伴木卫一（Io）、木卫四（Callisto）和木卫三（Ganymede）一样，木卫二也在木星的辐射带内沿轨道运行，因此不断受到高速带电粒子的轰击。

因此，木卫二的表面并不是一个安全的参观地点；还不如在机场的 X 光扫描仪内度度假。不过，地表的强辐射实际上使得该卫星的地下海洋变得更加宜居。因为，强辐射能使水冰分子分裂，释放出活性超强的氧，木卫二上的小生物在冰冷黑暗的深海中四处游动时，可以将其当作化学能量来源。

氧是怎样一路到达海洋的呢？另一个好问题！（你现在可以扔掉那个蜂鸣器。）好吧，木卫二似乎拥有与地球类似的板块构造，但该卫星

⑤ 相比之下，地球海底已知最深处仅有微不足道的 6.8 英里（约 11 千米）深。

上的板块是滑不溜秋、嘎嘎作响的厚冰块构成的，而不是岩石。吃水很深的厚冰块就像餐盘一样，给肉眼可见的（如果你有强大的防水手电筒的话）较大生物送去足以维生的化学食物。而且这些潜水餐盘也不一定非要一路行进到海洋之中。科学家们认为，木卫二的冰壳上可能散落着很多个液态水小水池；它们也是适合生存的环境。

木卫二也可能有喷泉。不过，如果有的话，它们可能是间歇泉，而不是像土卫二上的喷泉一样持续不断喷射。哈勃太空望远镜已经多次观测到一道显眼的水蒸气羽流正在飘离木卫二。截至写作本书时，天文学家仍在努力确定这一点。

还有土卫六

直径 3200 英里（约 5150 千米）的土星卫星“土卫六”似乎也有一个地下海洋,但大多数关于土卫六生命的猜测都把重心放在它的地表上。部分原因是人们对土卫六的内部知之甚少，但主要是因为其地表的情形极为有趣。

如第 3 章所述，在这颗寒冷卫星的地表上点缀着由液态乙烷和甲烷构成的众多海洋，其中一些甚至比苏必利尔湖还要大（但是要比后者平静许多；“卡西尼号”的测量结果表明这些异域海洋的波浪通常不到 1 英寸高（约 25 毫米）。事实上，土卫六表面含有的碳氢化合物体量是地球上所有石油和天然气储量总和的数百倍。这些物质实际上是从天上而落下来的；碳氢化合物是构成土卫六天气系统的基础。⑥

⑥ 值得庆幸的是，在土卫六上建造石油钻井平台短期内不具备经济可行性。

这颗巨大的卫星拥有一个厚厚的、以氮为主的大气层，与地球一样。不过，你无法在其中呼吸，至少不能愉快地呼吸，因为里面没有氧气。很多有机分子在厚实且烟雾弥漫的空气中旋转着飘落到下面的寒冷地表之上。与土卫二的海洋一模一样，土卫六上也有很多化学能源——氢分子。

不过，即使土卫二和土卫六上的假定微生物以同种食物为食，它们之间仍然会有极大不同。我们或多或少可以识别土卫二（和木卫二）上的生物，因为它们都是碳基生命，使用水作为溶剂。能在土卫六的碳氢化合物海洋中游泳的任何生物都将是怪诞的，因此很难知道它是什么样子。

天体生物学家克里斯·麦凯说："关于土卫六上的生命，我们唯一可以肯定的是它需要能量。仅此而已。""一旦我们不再将水视为生物化学的媒介，那么我们寻找遗传物质、结构或别的什么东西的行为都会变得毫无根据。"

当然，这种推理并不一定适用于可能在土卫六上存在的任何微生物——在疑似存在的地下液态水海洋中谋生。

获得一些答案

科学家已经开始测试上文所述种种猜测中的一部分。如第5章所述，"火星外气体追踪轨道飞行器"已开始嗅探火星上的甲烷。而近距离观察木卫二也即将实现：美国宇航局和欧洲航天局都计划在21世纪20年代启动探测该海洋卫星的任务。

美国宇航局的探测器被称为“欧罗巴快帆”（Europa Clipper），进入环木星轨道后将执行数十次近距离飞掠木卫二的任务，使用各种仪器探测该卫星的地下海洋，以试图确定它的真实宜居程度。“快帆”还将为木卫二登陆器寻找潜在的着陆地点，后者是美国国会命令美国宇航局开发的未来项目之一，以搜寻生命为目的。代表欧洲入场的探测器名为“JUICE”，专注于探测体积巨大的木卫三，但也将兼顾研究木卫四和木卫二。

“JUICE”是“Jupiter Icy Moons Explorer”（木星冰质卫星探测器）的英文缩写，在构词上略有更改。在太空任务的命名上还有更多让人抓狂的借形缩拼词。在我看来，最糟糕的命名是美国宇航局的小行星取样任务 OSIRIS-REx（Origins Spectral Interpretation Resource Identification Security-Regolith Explorer）[7]。不过，我对该任务本身没有任何敌意：OSIRIS-REx 非常酷。如果一切按计划进行，它将于 2023 年 9 月携带采自具有潜在危险性的小行星贝努（Bennu）的泥土和岩石样本返回地球。

而“欧罗巴快帆”和“JUICE”目前还停留在纸面上。一个专为土卫六制定的任务可能即将加入它们的行列：“蜻蜓”（Dragonfly）。还有一个名为“恺撒”（CAESAR）的彗星样本返回航天器拟于在 2025 年的时间框架内发射。CAESAR（Comet Astrobiology Exploration Sample Return）[8] 是一个着实得体的缩写。如果你喜欢超赞的东西，你

---

⑦ 译注：OSIRIS-REx 英文全称的汉语含义是“源光谱释义资源安全风化层辨认探测器”。

⑧ 译注：CAESAR 英文全称的汉语含义为“彗星天体生物学探测样本返回”。

会爱上“蜻蜓”的。“蜻蜓”是一架小型直升机，将在土卫六上着陆，然后巡航探索不同地点，以研究这颗卫星及其适合生命居住的潜力。在“蜻蜓”配备的各种仪器中，其中一个可以让它嗅探出氢气浓度的差异。在这颗体积巨大且烟雾弥漫的卫星上，氢气可能是一种生命印记。我们很快就会知道“蜻蜓”最终能否起飞：美国宇航局计划于 2018 年底宣布自己的挑选结果。⑨

另一个探测目标是土卫二。麦凯领导的团队正在研发一个可行的羽流采样任务，名为“土卫二生命印记与宜居性”（Enceladus Life Signatures and Habitability，简称 ELSAH），曾参与 2025 年发射时段的竞争。ELSAH 没有进入决赛，但美国宇航局继续通过一些技术开发基金来予以支持。

让我说的话，让他们都飞吧！说真的，如果您是一名想要青史留名并留下遗产的亿万富翁，请追随尤里·米尔纳和保罗·艾伦的步伐（后者的捐款使得 SETI 研究所的艾伦望远镜阵列得以建成），资助搜寻外星生命的工作。如果您资助的项目最终取得某种发现，那么无论有多少汽车工人和患有关节炎的沃尔玛迎宾员们由于您的并购行为而离开工作岗位，人们都会永远记住并赞美您。在史密森（Smithsonian）学会，或者至少在罗斯威尔不明飞行物博物馆（Roswell UFO Museum）中，您可能会拥有自己的一尊雕像。好好考虑一下！

---

⑨ “蜻蜓”不会是第一个降落土卫六的探测器；欧洲的“惠更斯号”（Huygens）探测器（与“卡西尼号”一道前往土星系统）已于2005年1月成功登陆该卫星。但“惠更斯号”没有携带任何天体生物学仪器。

深入更远的太空

我们已经在近距离的太空探索中取得了一些成功——从太阳到金星和火星，再到木星和土星。让我们继续前行，远远离开我们所处的地角旮旯，去往环绕外星太阳运行的外星行星。

我们在第 1 章已提到，仅在银河系就有数十亿颗具有维持生命潜力的行星。其中相当一部分环绕着与太阳类似的恒星运行。上述是确定宜居行星的黄金标准；毕竟，我们所知道的唯一生命就是扎根于一颗围绕这样的一颗恒星运转的行星。

但我们可能是一个异常值。银河系中绝大多数的宜居地产都可以在红矮星周围找到，这些小而黯淡的恒星构成了银河系恒星总数的四分之三。比邻星 b、罗斯 128b 以及 TRAPPIST-1 周围的行星都围绕着一颗红矮星运行。这并不是一个微不足道的特征，因为此类行星的宜居程度可以引起激烈辩论。

例如，红矮星在青年时期异常活跃，以可怕的频率喷发出强大的耀斑。一些研究表明，此种喷发行为可能会剥离行星的大气层，对它们进行有效的消毒，否则这些行星则有可能支持生命生存。除此之外，行星与红矮星之间的比邻距离也很重要。因为红矮星比较暗淡——TRAPPIST-1 的质量只有太阳的 8%，所以与类日恒星系统相比，其宜居带要更接近恒星。因此，大多数环绕恒星运转、足够温暖、适宜生命生存的行星都已被“潮汐锁定”，总是将相同的一面朝向主恒星，正如月球永远以同一面朝向着地球一样。（月球围绕地球公转的周期与其自转周期相同，大约 27 天。因此，对于身处地球的人来说，我们永远看不到月球的背面。）这一现象会造成重大影响：行星朝向恒星的白昼面炙热难耐，而背朝恒星的黑夜面，温度永远如地球南极那般寒冷。

情况也许并不是如此。一些模拟研究表明，在被潮汐锁定的行星上，大气层只要足够厚，便可以在全球范围内传导热量，至少使一部分区域能够支持我们所知道的生命。

简而言之，我们真的不知道红矮星附近行星的宜居程度如何；毕竟，“系外行星革命”（the exoplanet revolution）还处于早期阶段。天体生物学家热衷于深入研究这个问题，因为红矮星拥有令人难以置信的长寿：它们能持续数万亿年发出光芒，这意味着在环绕它们运行的行星上，生命在理论上有足够多的时间来孕育、进化。（相比之下，类似太阳的恒星只能存活 100 亿—120 亿年。）

但是，就生命搜寻而言，恒星的类型仅是次要的考虑因素。更重要的是系外行星与地球之间的距离，以及我们能否观察到它从主恒星前过境——这两个特征决定了研究某个系外行星的难易程度。至少，这是康奈尔大学卡尔－萨根研究所所长丽莎·卡尔特内格的看法。

她说道：“因此，我的偏爱清单包括：比邻星 b，距地球最近。其次，在我看来，是罗斯 128b，由于它与地球的距离也很近，我们可以接收到非常多的光线。”“接下来，我最喜欢的恒星系是 TRAPPIST-1，因为它有 7 个行星，不仅与地球大小仿佛，还从主恒星前过境；真是一个完美的游乐场。”

可是，根据研究难易程度的划分标准，银河系中绝大多数支持生命存活的行星可能都是一些不中用的家伙，它们躲藏在黑暗小巷中，远离光线充足的游乐场。在过去的几年里，天文学家已经发现了数量众多的“流浪行星”（rogue planet），它们在宇宙深处独自穿梭驰骋，不受任何恒星的束缚。如你想象的那样，这样的行星很难发现，所以仅仅发现它们中的一小部分也表明它们在整个银河系中极为常见。事实上，许多科学家认为流浪行星的数量远远超过了处于恒星系内的“正常”行星。仔细一思考，你就会发现它们的庞大数量并不令人惊讶。“热木星式”系外行星的大量存在显示,气态巨行星会在其诞生的恒星系内进行迁移。这些气态巨行星的公转轨道非常接近它们的主恒星，有些无需一个地球日就能完成一圈。这样的行星是不可能在如今的位置上形成的，所以它们必然曾经向内移动过。在移动的过程中，它们很可能将自己的岩质同胞行星（它们之间的轨道曾经非常接近）带入虚空，打发它们在孤独和黑暗中无尽流浪。

如果这些被驱逐的行星足够大，它们可以在数十亿年内始终保持温暖和适宜居住的状态——当然这是对微生物而言，对于复杂、“智慧”的生命则不一定。例如，地球的内部至今仍保持熔化状态，这要归功于我们的行星自诞生时残留下来的热量以及地核内外放射性元素衰变所释放的热量。

事实上，本纳说，有可能“这个星系中的大部分生命都在流浪行星上，而这些行星已经从它们的恒星系统中被驱逐了出去。”

但是找到这样的生命可能会非常具有挑战性。目前尚不清楚如何在没有任何过路星光的帮助下，在流浪行星的大气层中搜索生物印记。我们可能不得不发射微型探测器，近距离探索这些行星，以便仔细调查它们的宜居程度。

智慧生命不仅可以从恒星那里提锚起航，也可以从行星启程。如果高等外星人通常肯定会超越生物形态而走向数字化，那么我们所有有关“宜居”的认知就会统统失效。基于机器的地外生命可能存在于宇宙深处的任意位置。事实上，我们有理由认为，他们会主动避开行星，因为行星的引力会习惯性地吸入滋扰生事的彗星和小行星。因此，正如天文学家塞思·肖斯塔克等人所主张的那样，也许 SETI 不应将搜索目标锚定在具有宜居潜力的行星之上，而应放在具有大量可用能源和原材料的区域，因为地外机器生命需要利用它们来保养、修复和复制自己。

如何告知公众?

任何一个 SETI 科学家若是接收到一个可能发自遥远彼岸的讯号，都知道下一步该做什么：在 10000 个乒乓球上画上一个面露微笑的灰人脸，然后把这些乒乓球费力地拖到帝国大厦的屋顶，将它们全部扔到下面垃圾遍布的街道上。

实际上，这是一个半真半假的事实。关于在监测到外星讯号后如何向大众传达已确认的发现，目前有一个既定的章程，但该章程在几个关键方面与上面所述的做法不相同。

国际宇航科学院（International Academy of Astronautics，简称：IAA）于 1989 年正式通过了一套真实指令，内容包括 9 个相当冗长的“探测到外星智慧后传播有关信息的原则”。[①]从这些指令中，可以提炼出三个基本点。

首先，核验信号以确保它是真实的。这是一个常识性措施，可能根本不需要被列出来；很难想象一名研究人员在排除误报前便急匆匆地宣布一项发现。误报主要来自轨道卫星和其他来源，这在SETI领域经常发生。确认信号的工作一般由另一台射电望远镜完成，而不是首先探测到信号的那台望远镜。如果两台仪器都接收到来自相同深空源的相同窄带信号，那么就可以顺利继续到下一步。

其次，不要保守秘密。取得发现的团队应该将他们的发现向SETI科学界广而告之，以便其他人也可以审查该发现。团队负责人所在国的总统、总理或军政府首脑也应该参与其中，但是向全世界宣布这一发现的荣誉不可归于这些大佬们。荣誉归于发现者本人，他们很可能是在人头攒动的新闻发布会上践行此项荣誉。

最后一点可能会让你大吃一惊。也许你会以为联合国秘书长发布这一新闻的场所要么是在纽约举行的一次特别会议，要么是在钻石装饰的地下藏身处——全球精英经常来此碰面商讨重大机密事务，其中包括：外星人访问事件、密谋组建一个由共济会控制的世界性政府（已接近完成）等。虽然需要将探测到外星信号的消息告知联合国，但关于该组织在这一重大新闻的传播过程中扮演何种角色，并没有得到正式的界定。

---

① 你可以在此处阅读完整章程：https://iaaseti.org/en/declaration-principles-concerning-activities-following-detection。

主持IAA下属SETI常设委员会（SETI Permanent Committee）10年之久的塞思·肖斯塔克说："我们已经将这些章程提交给联合国了。""实际上，他们没有任何兴趣。我认为，如果想把某件事真正纳入联合国的事务范围，必须要找一个倡导者。它必须是某个国家——比如，巴拉圭，或者是某个大人物——他会想：'天哪，这的确重要。'否则，他们另有要事。"

事实上，联合国外层空间事务办公室（UN's Office for Outer Space Affairs）主任西莫内塔·迪皮波（Simonetta Di Pippo）说，无论是巴拉圭或是任何人都没有在大力推动这件事。

她说："外层空间事务办公室为联合国成员国提供服务，而成员国并未授权本办公室制定与发现或接触高等或智慧地外生命有关的章程或协调程序。"

针对监测到智慧外星生命的宣称，天文学家伊凡·艾尔玛（Iván Almár）和吉尔·塔特于2000年提出了一套新的系统，对其重要性进行排序。这个量化标准被称为里约标度（Rio scale）（因为二人是在里约热内卢举行的一次会议上首次提出该尺度的）。里约标度受到都灵标度（Torino scale）的启发，后者试图对来访小行星和彗星对地球造成的危险程度进行量化分级。倘若你还没有听说过都灵标度，姑且说里约尺度与里氏震级量表（Richter scale）类似，因为两者差不多一回事；毕竟，它们两个的名字中都有一个"里"。[②] 在里约标度中，0检测可以完全

② 译注：此处英文表述的直译是"两者都是以'Ri'开头"，译文略作调整以符合汉语习惯。

被排除，而10表示“异常重要”。

此处能举几个例子就好了。肖斯塔克和艾尔玛在2002年的一篇论文中提供了一些。二人在论文中写道，1996年上映的电影《独立日》（*Independence Day*）中出现的外星人入侵是非常明显的10级事件，而在《2001：太空漫游》（*2001: A Space Odyssey*）中，从月球上挖出黑石柱则会被划为6级（“值得注意”）。下面以现实生活中的事件为例，1976年美国宇航局的“海盗1号”轨道飞行器首次在火星上发现的所谓“面孔”可被划为2级（“重要性较低”），但随着宇航局的“火星全球探勘者”（Mars Global Surveyor）在2001年拍摄到更清晰的照片后，它的等级降至0，因为照片显示，那张脸只不过是一座普通的平顶山。

第三个原则是，不在无“国际协商”的情况下向我们新发现的银河系邻居广播任何东西（但没有详细说明具体是什么）。这是对METI或“主动SETI”之争的一种认可。时至今日这场争论仍在纠缠不休。争议的要点是：一些天文学家担心，将我们的存在、位置和个人标识号（PINs）泄露给地外生命，可能会招致外星人前来，用汽化武器/纳米机器人/

触手给我们带来极度痛苦的死亡，而这本来是可以预防的。我们将在后面详细探讨这一点。其他人对这一风险不屑一顾，理由是能够伤害到我们的外星人几乎肯定已经知道我们在这里，而且还清楚我们身体湿软、脆弱可欺。

以上便是章程的大致内容。但是不要将它看得过于重要；它只是一套不具有约束力的指导方针，就像食蚁兽一样人畜无害。即使有人藐视规则，不严格审查信息，或者蒙骗军政府首脑，也不会因此而受到国际SETI刑事法庭的审判。

事情可能不会按照既定计划发展——具体来说，消息可能会在一个有希望的信号被确认之前就被泄露了出去。这可不仅仅是猜测；历史提供了充分的证明。例如，1997年6月的一个晚上，塔特、肖斯塔克和SETI研究所的同事们监测到了一个非常有前景的信号——一个强大的窄带信号，似乎来自距离我们大约12光年远的一颗恒星附近。在此后的16个小时左右的时间里，天文学家们对这个可能的"外星信号"持谨慎乐观态度。

希望在第二天早上破灭，进一步的追踪分析发现信号来自"太阳和日光层观测站"（Solar and Heliospheric Observatory），一颗由欧洲航天局和美国宇航局共同管理的太阳研究卫星。但在团队确定结果之前，肖斯塔克接到了《纽约时报》记者威廉·布罗德（William Broad）的电话，询问信号是怎么回事。肖斯塔克后来了解到，布罗德通过一个复杂的通信网络七拐八绕地了解到这一情况，网络上的主要成员包括：塔特、卡尔·萨根的遗孀安·德鲁扬以及每个女人的私人助理。（要想了解 1997 年信号事件的所有信息，可以阅读肖斯塔克于 2009 年出版的《一名外星人搜寻者的自白》（*Confessions of an Alien Hunter*）一书。）

这一插曲以及其他类似的事件——例如俄罗斯天文学家在 2015 年 5 月发现的可能信号——在若干不同的方面具有启示意义。例如，这些事件表明真正的 SETI 发现应该是一个断断续续、逐步确认的过程，而不是单单一个大喊“找到了！”的荣耀时刻。而且，它们还证明某些阴谋论是一个谎言：一旦有人发现了外星人，类似于《黑衣人》（*Men in Black*）的特别行动小组，就会猛扑进去，将所有与之有关的计算机、文件和尸体拖到放置于 51 区[3]的冷藏柜中。

肖斯塔克谈到 1997 年信号事件时说道：“当然，政府没有任何兴趣。”“打电话的不是政府，而是《纽约时报》。”

③ 译注：51 区位于美国内华达州，是美军内利斯空军基地的一部分，此区被认为是美国用来秘密进行新的空军飞行器的开发和测试的地方。由于 51 区经常出现一些神秘异常的事件，因此许多人相信它与众多的不明飞行物阴谋论有关。

当然，如果恰巧在外星入侵之前，监测到相关信号，政府就会非常感兴趣。政府通过拉响空袭警报，以及通过手机发布“灰人入侵”的紧急预警信息，人们很快就会得知。

我们一直在讨论的章程仅适用于 SETI——搜寻高等或智慧的地外生命。至于发现“简单”生命，并无类似的操作指南。我们可能会在火星陨石上，或者通过远距离观察 TRAPPIST-1f 的大气层，就能发现此种生命。后一种发现可能只需走正常科学流程即可：同行评审、在主要期刊上发表论文以及通过新闻发布会和新闻通稿发布相关信息。不过，相比于对潜伏在银河系中心的恐怖黑洞的质量提出新估计，声称发现地外生命当然会引起更多的轰动。（原因并不在于前者无趣。天文学家认为，这个被称为人马座 A* 的黑洞其质量相当于 400 万个太阳。但相对于超大质量的黑洞，它又显得微不足道：有些黑洞的质量是太阳的 100 亿倍或更多。）

康奈尔大学卡尔 - 萨根研究所所长丽莎·卡尔特内格表示：“在某种程度上，这与我们一直以来践行的路径保持一致。”“他们找到了第一批[外星]行星——这是一次正常的科学新闻发布会。他们在宜居带找到了第一颗行星——这是一项正常的科学发现。之后，他们找到了第一颗可能适宜居住的较小星球，这是宜居带中第一颗可能宜居的行星——这是一次重要的新闻发布会。”

我们可以再次以史为鉴：1996 年科学家们声称在“艾伦 - 希尔斯”陨石上发现外星生命。从事这项研究的研究人员们在著名的《科学》杂志上发表了这个令人震惊的成果，并通过新闻发布会通告全世界，连时任总统比尔·克林顿也参加了此次发布会。的确很轰动。但是，二十多年后，对于这颗火星陨石，天体生物学家们仍然争论不休。对此，下文将会探讨。

第8章

我们能够与地外生命交谈吗?

假如我们偶然间发现来自地外生命的随机讯号，一个不是专门发给我们的讯号，我们很难从中读出任何含义。

请记住：任何能够将信号传递到遥远彼岸的外星人几乎肯定远比现在的我们更加高等，并且与我们之间存在本质且不可知的不同。例如，如果发送公文（我们自以为是发给自己的）的生物主要通过触摸或嗅觉而非视觉感知环境，该怎么办？一波来自灰人星球、类似于“嗅觉电影”[①] 的信号可能会在我们身上扫过1000次，直至不被察觉地从我们头顶上消失。

① 译注：嗅觉电影（Smell-O-Vision）指的是，在观赏电影、电视节目或视频节目时，使用设备释放出与屏幕上对应物体相符的气味，或者使用超声波信号直接刺激大脑部分，从而诱导观众产生嗅觉反应。

如果你对这种说法持怀疑态度，不妨考虑一下如下事实：尽管人类学家和语言学家投入了数十年的工夫，地球上尚有许多古老的文字系统至今仍未被破解。而它们还都是由我们人类同胞创作的。

SETI 科学家丹·沃西默说："我认为如果它[讯号]只是一种经过加工的物件——假如说是电视一样的东西——我们就会知道他们[地外生命]存在于宇宙中，但我们可能永远无法弄懂信号的内容。""到时，我们就会知道自己并不孤单，但我们对他们的文明仍将知之甚少。"

这并不意味着我们不应该作出尝试。如果我们真的接收到这样的信号，世界各地的 SETI 科学家将会竭尽自己所知，把它研究个底朝天。假设信号是恒定的，而不是像小熊队在世界系列大赛[②]中赢得冠军的那种偶发性事件，我们可能会需要一个体积巨大的新工具来更密切地观察信号。（在《一名外星人搜寻者的自白》（*Confessions of an Alien Hunter*）一书中，塞思·肖斯塔克指出，对外星电视广播进行解码所需的信号灵敏度要比纯粹监听到通讯信号所需的灵敏度高出 10000 倍。因此，用于筛选地外生命信号并解析其意义的天线必须达到许多英里宽才能完成任务。）我打赌他们会筹集到建造资金的。大多数国家的政府都非常热衷于获取天文学家设法发现的任何信息。

嗯……你现在是否在幻想朝鲜在靠近中国边境的地区掏空一座山，建造微型死星呢？如果是的话，不必担心。你（未必）不是在发神经。

② 译注：世界系列大赛（World Series）是美国职业棒球大联盟每年 10 月举行的总冠军赛，是美国以及加拿大职业棒球最高等级的赛事。

其他人也担心这个问题。

尼克·波普（Nick Pope）说：“如果我们对科学的理解能够神奇地取得突破，并将我们当下的技术水平推进数千年或数百万年，考虑到因滥用技术而产生的不良后果，也许我们无法破译它反倒是一件好事。”波普曾在英国国防部供职了21年，并于1991—1994年间负责主持UFO调查。

联系我们

如果我们收到的讯号是一种蓄意的通信尝试，那么情形将会完全不同。在沃西默的眼中，我们就有了机会——一个大大的机会。

他说：“也许他们对像我们这样的年轻、新兴的文明感兴趣，也许他们想帮助我们连上银河系互联网之类的东西，他们会以我们的方式传递信号。”

事实上，对高等外星人来说，确定地球拥有生命并不太难（至少，他们极有可能这样做）。即使他们距离我们太过遥远，无法接收到我们泄漏出去的电视和无线电信号，外星人科学家们理论上仍然可以在地球大气中检测到氧气、甲烷等生物印记气体。

沃西默补充道：“如果那样的话，我想信号破译起来可能很简单。”“破译信号需要辅助解密的语言教程，你知道的，大量图片。”

反正，我们会这么做，实际上此前我们有几次也是这么做的。例如，1974年，包括弗兰克·德雷克和卡尔·萨根在内的一个科学团队利用坐落于波多黎各、体积巨大的阿雷西博天文台向M13发射了一个时长3分钟的无线电信号。M13是一个距离我们25000光年的球状星团。著名的“阿雷西博信息”（Arecibo Message）就包含了图片——用图形化的方式呈现了人体、太阳系和阿雷西博天文台，所有图片都按照20世纪70年代的风格进行了超级像素化的处理。用谷歌搜索这张图片：整个解码过程看起来像《太空侵略者》[3]的隐藏奖励关卡。

该信息的内容还不止这些。“阿雷西博信息”还介绍了一些DNA关键成分的分子式，以及对地球生命最为重要的若干元素的原子序数——碳、氢、氮、氧和磷。原子序数依次用1~10的数字进行编码。全部信息被打包成1679个二进制数字，这绝非偶然：1679是23和73两个质数的乘积。事实上，1679这个数字只能由这两个质数相乘得出。

这个小小的复活节彩蛋是对许多天文学家持有的一个共识的认可：在整个宇宙中，数学或多或少是一种通用语言，因此任何能够发送和接

③ 译注：《太空侵略者》（*Space Invaders*）是一款由日本游戏公司太东（TAITO）在1979年推出的街机游戏。

收信息的外星人都会以与我们大致相同的方式进行沟通。这个想法已经存在了很长时间。例如，据称早在19世纪初，我们的朋友卡尔·高斯就建议在西伯利亚森林中砍伐出一个巨大的直角三角形，从而向可能正在观察我们的火星人或月球人示意我们不仅就在这里，并且还对勾股定理了如指掌。相比于即将参加毕业舞会的高中生们，这个著名的直角三角形公式 ($a^2 + b^2 = c^2$) 有望给地外生命留下更深刻的印象。然而，建造巨大景观建筑的项目从未离开过绘图板。

一个由道格拉斯·瓦科赫（Douglas Vakoch）领导的团队于2017年10月向距离地球约12光年、可能适合居住的系外行星GJ273b发送了一条信息，其中就包括了勾股定理。瓦科赫是METI国际的一名成员。这些天文学家们创制了一个有关三角学的小小课程，并在附上简单的计算和算术教程后，将信号发送了出去。他们还将同一信号分别发送了三次，从而确保地外生命能不受任何阻碍地接收到信号，因为在跨越空间的漫长传输过程中，小故障极易发生：如果有相互矛盾的信息出现，灰人先生，只需选取重复出现两次的那个版本。（正如这些例子所示，在我们与地外生命打交道的过程中，不存在一个身穿紫袍的权威人物代表地球。如果你有权使用射电望远镜，可以自行承担相关责任。）

也许地外生命也会用数学来引起我们的注意：或许是一串质数，或许是明显无处不在、无所不能的勾股定理。教授三角函数的高中教师应该将其重新命名为“外星沟通公式”。那样的话，你就不会在课堂上走神了，对吧？

未来的考古学

我们必须依靠自己的智慧来解码地外生命发来的任何讯号；无比辽阔的宇宙使得向发送者求助根本行不通。例如，如果我们弄不懂GJ273b上的领主和大师们发过来的信号，那么他们需要12年的时间才能接收到我们传过去的表情符号——一个搔头耸肩的人，而我们还要再等待12年的时间才能收到他们的（也许是难以理解的）回复。

在许多情况下，我们获得的信号可能来自一个早已消亡的文明。想想“阿雷西博信息”：当那个雅达利[4]游戏式的数据流在M13系统中疾驰而过时，地球时光已经来到了26974年，那时人类仍然存在的概率有多大？当我们有望收到回复时，已经到了51974年，那时的情形又如何？（实际上，收到M13的居民回复的可能性甚至比你想象的还要低：发送者将信息发送到了星团如今的位置，而不是25000年后的位置。）

出于这个原因，SETI的先驱菲利普·莫里森（Philip Morrison）和朱塞佩·科科尼（Giuseppe Cocconi）一起编写了该领域的奠基性文件。在这篇发表于1959年的论文中，他们阐述了为什么科学家应该搜寻来自外星文明的无线电信号，并将SETI描述为“未来的考古学”。吉尔·塔特说，事实上，我们与高等外星人之间的互动可能最终类似于我们与古希腊人和古罗马人打交道。

她说：“他们已经及时传递了信息，即使我们从未向他们提问，但

---

④ 雅达利（Atari）公司曾是美国最大的电视游戏机公司，推出过众多引起巨大轰动的街机游戏和家庭游戏机产品，公司于1998年倒闭。

我们今天依然可以阅读、理解和学习。”“因此，如果信号中确实嵌入了信息，而且我们有能力弄清楚如何对其进行解码，那么这可能就是星际交流的合适模型。我们仍然可以学到很多东西。”

不过，别误会：不是每个人都持有沃西默的乐观态度——即我们能够应付解码挑战。丽莎·卡尔特内格说道：“对于我们可以解译监测到的 SETI 信号这样的观点，实际上我认为这非常滑稽。”“我无法与水母交流，更不用说倘若我没有看到它，何谈与之沟通？水母还是在我们自己的星球上进化出来的呢。”

面对面

你可能在想：“嘿！你还没有谈到外星人的到来呢，就像电影《降临》所显示的那种。”你说得对。那我们开始吧。简要谈一谈。

为什么只是简要谈一谈？因为外星人降临的可能性比使用射电望远镜监听到外星讯号还要小得多。毕竟，相比于一艘满载着用于探究人类的工具的星际飞船，发送横跨银河系的电磁信号不仅容易得多，也更便宜、速度更快。

按理说，如果地外生命站在我们面前，我们就可以更好地理解他/她。如《降临》所示，只要外星人使用与我们相同的方式感知现实，例如看到相同波长的光，理论上我们可以为彼此小心翼翼地做一些例行小动作，以启发对方。

即使如此，由于相异的生命起源、进化进程和技术能力在彼此之间造就了巨大的鸿沟，所以依然无法保证双方可以进行深刻而有意义的交流。比如说，假如《降临》中的七肢外星人明天就会到达地球，然后将我们磨成粉红色的浆糊来喂养自己的九肢宠物呢？我们可以通过谈判获得救赎吗？

至于上述场景中人类获救的概率，肖斯塔克打了另一个比方：人类猎人经过时间旅行来到恐龙面前，矢志于将它们布满鳞片的头颅挂到一堵墙上，可是面对低着头看着自己的恐龙，这些猎人的存活概率有多大？

他说："我想他们应该快跑。""直接往山上跑，这可能是最好的策略。"

世界该如何回应？

克里斯·麦凯跨界天体生物学，以帮助回答这个令人生厌的问题："我们独自存在么？"如果他或其他任何人的的确确监测到了地外生命，其后果不仅是他的好奇心得到满足，还会受到刺激去改换职业：他笑着说："我会回去以修理摩托车为生。"

微生物 VS 灰人

但我们其他人该如何应对这个消息呢？社会又会产生什么反应呢？且让我们假设一二。

我们需要考虑很多变量，第一个便是我们设法找出来的是何种外星人。我们先从微生物开始，或者更确切地说，从总体而言“简单”的生命形式开始，因为它们是最可能被我们捕获的生物。毕竟，这些小家伙们很可能就存在于我们的后院之中，在土卫二和木卫二的海洋中游弋，或者深深地躲藏在火星红色流沙之下勉力维持着仅够糊口的生活。

借助著名的判例“艾伦－希尔斯 84001”的传奇故事，我们已经大体了解怎么看待这一问题。回到 1996 年，在火星陨石中检测到所谓的生命迹象在当时可是一件大事；世界各地的报纸纷纷在头版予以报道，美国总统比尔·克林顿甚至发表了讲话来纪念这一盛事。亚利桑那州立大学的心理学家迈克尔·瓦尔努姆（Michael Varnum）说：“因此，你才没有看到巨大的社会动荡。”“很多人都认为此事的应对有条不紊。”

正如瓦尔努姆及其同事最近的一项研究所表明的那样，此种反应今天仍有可能会保持不变。2017 年，这些科学家们将一篇 1996 年发表于《纽约时报》的关于“艾伦－希尔斯 84001”的文章（稍加修改）当作一篇新发生的新闻发给受试者阅读。参试者对这篇“新闻”的积极反应要远远多于负面反应。考虑到我们的思维方式，这一结果很有意义。

“我们知道，人类心理中存在对新奇事物的渴望和欣赏。”瓦尔努姆说：“这就是你会翻过下一座山，或者跳上木筏横渡海洋的原因。”“这个发现本身就足够新奇：来自地球以外的生命形态。”

然而，他也补充了一个重要注意事项：“前提是这种新奇事物不具有威胁性，比如，它没有拿着一把巨大的太空激光枪指着你。”

的确如此。可以肯定的是，倘若我们发现智慧外星生物正率领着一支舰队前来摧毁地球，还会向逃跑的我们发射光束，将我们转移至GJ273b的地下盐矿中，那么这个发现会把人们吓坏的。

即使仅仅是一个SETI信号，只要我们设法对其进行解码，也可能引发混乱。比方说，假如发自地外生命的信息中包含了我们在第8章中曾谈到的微型死星的设计蓝图，或者一种抗衰老配方（与200美元价位的护肤霜不同的是，该配方着实有效）呢？地球上的不同团体可能会争夺这种高等技术的所有权，或者以我们绝大多数人都不会感激的方式使用该技术。

沃西默说：“你可以想象的到，如果世界各国的军队掌握了一些高等技术，后果会非常糟糕。”

但是，如果收到的是一个神秘、抽象的讯号，情形将会非常不同。不会引发后续行动的信号（SETI监测到的信号完全有可能永远不会引发重大后续行动）在人类社会引起的反应可能类似于火星微生物或微小的土卫二生命对于我们所发问候的反应。在此种情况下，受到冲击的人数比例很低，因为我们中的很多人已经得出我们并不孤单的结论。民意调查显示，大约有一半的美国人相信智慧外星人的存在，而且有30%—40%的人甚至认为他们已经造访过地球。

“这种新闻只会占据头版一小段时间，随后卡戴珊之流就会做出一件引得媒体竞相报道的事情。”塔特说。

这一预测也符合我们对人性的认知。对于现在或不久的将来不会直接影响自身和所爱之人的事情，我们倾向于不去过于关注。

长期情形

到目前为止，我们只考虑了监测到外星信号的短期影响——可能仅限于内啡肽给我们带来的暂时且温和的刺激。也许我们会在冲动之下购买望远镜，但使用两次后，就会把它放进壁橱里，抛诸脑后。（当然也有例外。美国宇航局的预算几乎肯定会得到增加，天体生物学家将会有许多新的研究途径可供探索。）

不过，随着人类慢慢了解到宇宙充满生命的现实，此事也会产生长期影响。

佐伯琴说："它会从根本上促使我们去质疑自己对人类自身以及对人类在宇宙中所处地位的全部认知。""我们不可避免地需要提出这样的问题。 而这些问题往往不仅仅是科学界在讨论；它们还出现在许多不同的领域。哲学家们在谈论它们；宗教领袖也在讨论它们。我认为所有的讨论都是彼此关联。"

事实上，外星生命的发现最终可能会刺激我们对自身开展重新评估。其深刻程度不亚于人类社会受哥白尼和达尔文分别引发的科学革命所迫而进行的大反思。这两场革命揭示了：①我们不是太阳系的中心，更不用说是宇宙中心了；②我们的祖先与这个星球上所有生物的始祖一样，都可以径直追溯至远古时期的一团污泥。

当然，如果 SETI 信号监测取得划时代的成果，而不是在火星上发现微生物化石，或在木卫二上发现类似鱼类的小生物，那么发现外星生命所造成的影响会更大。正如哥白尼和达尔文曾经所造成的那般，发现超级智慧的外星人会对我们的特殊感和优越感予以重创。

这并不一定是什么坏事。

乔纳森·济慈（Jonathon Keats）说道："我们可能会变得更谦逊。"济慈是一名概念派艺术家和实验哲学家，他对人类的宇宙地位思考良多。"这是最好的结果。"

你是在思量宗教吗？好吧，既然宗教在哥白尼和达尔文身故后仍然幸存了下来，那么可能发生的"外星人发现革命"[1]——甚至SETI的变体——也不太可能会将教堂、清真寺和犹太教堂变成一堆瓦砾。

这可不是无稽之谈；我们有一些数据说明这一点。

2008年，神学家特德·彼得斯（Ted Peters）对1300多人进行了民意调查，受访者代表了各种信仰体系，其中包括天主教徒、新教徒、犹太教徒、摩门教徒、佛教徒以及无信仰者等。在调查问卷中，其中一个问题是，他询问这些人是否同意或不同意以下说法，

"假如官方确认发现了一个生活在另一个星球上的智慧生物文明，这将极大地削弱我的信仰，以至于我将面临信仰危机。"

绝大多数人选择不同意，在不同信仰团体之间，无一例外。事实上，

---

① 《外星人：大革命》(*Alien: Revolution*)将会在某一天成为某个著名电影系列的一部分；也许大约会在《外星人：无代表纳税》（*Alien: Taxation without Representation*）取得票房大卖的一年之后。（译注：这两部电影都是作者虚构的，后一部电影的名称是对"无代表不纳税"（no taxation without representation）这句口号的仿拟。原口号的含义是，如果一群人在议会里没有自己的代表，那么议会通过的税法对这群人是无效的。）

在每个类别中，至少有83%的受访者不同意或强烈不同意该陈述。彼得斯说："无论是基于神学，还是根据这项调查的结果，我确信：在几乎所有宗教中，我们都不太可能会看到宗教信仰出现危机。"彼得斯是太平洋路德神学院的一名神职人员，后者位于加利福尼亚州伯克利市。

话虽这么说，但是与其他宗教相比，某些宗教似乎更容易受震动。彼得斯说，佛教徒和摩门教徒几乎肯定会大踏步地接受发现外星文明的新闻，而穆斯林和非摩门教的基督徒可能会更难接受。

他说："摩门教已经有了一个关于地外生命的教义，而佛教徒似乎不受物质世界中的任何事物的困扰。""基督徒和穆斯林真的想知道这一切意味着什么，将发生在地球以外的历史全部整合入救赎的信仰之中，对他们来说会更加艰难。"

范德比尔特大学的天文学家大卫·温特劳布（David Weintraub）说，原教旨主义的基督徒（认为《圣经》记载了上帝的启示和全部旨意）可能会面临最激烈的内心挣扎。温特劳布于2014年出版了一本著作：《宗教与地外生命：我们将如何应对？》（*Religions and Extraterrestrial Life: How Will We Deal with It?*）。

温特劳布说："极端原教旨主义的基督教作家在他们的网站和作品中写道：穹顶之外并无生命存在，因为如果有的话，上帝会记载下来并在《圣经》中告诉我们。""所以那些人会感到惊讶和困扰，但我不认为别人也会。"

一些基督徒也有可能会被另外一个问题所困扰：上帝拯救了智慧外星人的灵魂吗？如果是这样，他/她是否在整个宇宙中的数十亿颗行星上以数十亿种不同的外星形态显现呢？或者上帝只有一个化身（耶稣），尤其是在我们面前只有这个化身？

对“艾伦－希尔斯 84001”所携证据的评估持续了多年，事实上目前仍在继续。对于任何假定的外星生命发现，科学界在完全接受之前，都会开展同样冗长的审查过程。温特劳布补充说，世界各地的人们，无论是否有宗教信仰，在官方确认某一发现之前，可能都会有充足的时间来适应它，从而进一步降低了社会发生动荡的可能性。

对宇宙以及人类的宇宙地位的新认知，最终可能会自然地融入主流基督教走向成熟的进程之中。梵蒂冈天文台台长盖伊·康索马格诺（Guy Consolmagno）修士说，天父在此间之外另有一段人生的认知不应该让基督徒感觉自己的特殊性被削弱。

康索马格诺说：“恰恰相反，这反而更好地向我们证明了：我们的爸爸仍然是那个无所不能的爸爸。”“在穹顶之外发现更多的文明——发现我们的爸爸还做过其他神奇的事情——不应当让我们感觉自己变得更渺小。我们应该更加惊叹于以下事实：多元宇宙——无论究竟是什么——的造物主也有时间关注我们。”

在我们继续往下讨论之前，再提一点：我敢打赌，外星生命的发现，尤其是智慧外星生命的发现，会引出一连串离奇的宗教事件。与之相比，玛雅人的“2012 年世界末日”预言所掀起的狂热风潮看起来就像莫罗[②]一样克制。各种崇拜外星人的邪教将在世界各地遽然冒出，关

② 译注：爱德华·R. 莫罗（Edward R. Murrow）（1908—1965），美国电视广播新闻业的先驱，被誉为“历史上最伟大的新闻评论员”。

于“基督复临”的预言不仅将在数量上大大增加，而且也会越来越咄咄逼人。有些人会在“好奇号”火星车所拍摄的火星岩层上幻见到圣母玛利亚。（事实上，这样做的不止有他们。有些人在网上花费无数小时的时间仔细研究由“好奇号”拍摄并存档的照片，以寻找美国宇航局隐瞒的外星生命迹象。他们宣称在其中发现了火星鼠、蜥蜴和螃蟹，等等。）诸如此类的事情还会有很多。整个情势将恍如“第二次大觉醒”[③]，只不过在此次觉醒中有外星人的存在，而且由怪胎主持的狂热礼拜仪式会在 YouTube 上举行，而不是在林间空地上。

想想“天堂之门”[④]事件：这个邪教组织的 39 名成员在 1997 年自杀身亡，以期登上一艘隐藏在海尔－波普彗星（Comet Hale-Bopp）后面飞行的外星飞船。而且，那艘星舰也完全是虚构出来的。

虚假新闻?

在以上的讨论中，我们一直在愉快地假设每个人都会接受外星生命的发现是确凿无疑的。然而，事实显然并非如此。毕竟，在我们生活的国家中，不仅有数百万人认为美国宇航局伪造了阿波罗登月，而且还有一个具体人数不明但成员多得令人不安的群体认为，宇航局与一个国际小集团（由一群自命不凡的精英组成）联合起来，一直在愚弄我们中的

③ 译注：“第二次大觉醒运动”（Second Great Awakening），发生于 1726—1760 年间北美殖民地的新教复兴运动。

④ 译注：该邪教的成员认为，人们想要进入到下一个层次，就不得不放弃人类的“交通工具”，而是将自己的意识转移到外星人的身体，登上外星飞船。

绝大多数人，使他们无主见地相信地球是圆的。（至于“地球是平的”这样的谬论，即使只有一个人相信，那人数也是高得令人不安。信奉这个谬论是整个世界上最愚蠢的事情。可是，它的信徒之多，足以召开信众大会；他们的第一次国际会议于2017年11月在北卡罗来纳州举行。）

同一批人还认为，从太空拍摄的地球照片都是美国宇航局伪造的，所以将来若是接收到来自M13的窄带SETI信号，他们也会对这一消息大喊“骗局”。对于光谱显示某个系外行星的大气中含有氧气和甲烷的新闻，他们也是轻飘飘地不屑一顾。他们还认为火星微生物的照片会被篡改——也许照片中的微生物只是戴着红色假发的常见地球细菌。

其中一些疑虑源自信仰，来自一个旧的心灵创伤。这个伤口起初是由达尔文造就的，而他们拒绝相信达尔文的理由是：“我不是一只该死的猴子的后裔。”另一部分源于对权威的不信任，源于自觉比普通民众更聪明、更有见识而获得的快感，源于将个人经验置于高深书籍的学习之上，以及阴谋论所给出的其他原因。

有多少人会发出“废话”的呼喊呢？与此同时，其余人发出的表示极感兴趣与赞同的咕哝声会不会被他们的呐喊声所淹没呢？你和我猜的一样。

济慈说，SETI监测结果“很有可能帮助我们克服很多差异。”“但疑虑和怀疑也可能导致糟糕的分歧，造成信徒和非信徒之间的分裂。”

第10章

我们已经找到了地外生命吗？

吉尔·莱文（Gil Levin）就是这么认为的。

莱文是“标记释放”（Labeled Release）实验的首席研究员。20世纪70年代中期，美国宇航局的“海盗1号”与“海盗2号”登陆器在火星上开展了致力于生命搜寻的一揽子科学项目，该实验就是其中的一部分。

“标记释放”实验将几滴水滴到少许火星土壤的表面。从本质上说，水滴就是一勺勺的微生物营养液，里面充满了氨基酸和其他有机分子，只要红色泥土中躲藏有小小的火星人，他们就会吞噬它们。如果这顿免费午餐被接受了，标记释放实验仪就会探测到；所有的营养物质都已用放射性碳-14进行了特别标记，而登陆器搭载的盖革计数器可以在微生物的气态代谢产物中检测到碳-14。

盖革计数器确实检测到了碳 -14，至少最初似乎是这样。“海盗号”着陆器上的盖革计数器检测到了“健康的”放射性二氧化碳气流从土壤中勃勃涌出。（即使放射性二氧化碳水流可以用“健康”来形容，你也不会想要在其中游泳，或者吃掉从泡沫中捞出的鱼。） 经过干热灭菌的对照样本则显示，该样本中的二氧化碳的活性要比前者低上许多。对于信奉“我们并不孤单”的群体来说，这是一个大好消息：死亡的微生物不会创造奇迹，也不会小口啜饮营养液。稳操胜券，对吧？

然而，也不完全是。在“海盗号”着陆器上开展的另外两项生命探测实验却给出了负面或模棱两可的结果。最令人讨厌的是，着陆器显然在红色土壤中没有发现天然有机分子，只发现了几种奇怪的含氯化合物，参与探测任务的科学家们认为它们是来自地球的污染物。（具体而言，是发射前用于清洗“海盗号”搭载仪器的液体所留下的残留物。） 与月球地表的死灰色尘土相比，火星土壤的碳含量似乎更低。如果没有有机物，就无法诞生我们所知道的生命，所以科学家们很快形成共识：“海盗号”着陆器所发现的证据可能是火星上奇特化学反应的结果，而不是由外星生物活动造成的。

但在过去的十年里，这一共识略有崩坏。关键转折发生在 2008 年。当年，美国宇航局的“凤凰号”着陆器在火星北极附近的土壤中发现了被称为高氯酸盐的含氯分子。在地球实验室中开展的实验表明，如果加热富含高氯酸盐的土壤（“海盗号”着陆器上的有机物探测仪器曾进行过相同的操作，目的是清除暗藏在火星土壤中的分子），碳化合物就会被“燃烧”成二氧化碳、氯甲烷和二氯甲烷。“海盗号”着陆器在火星上检测到的便是后两种氯分子。

那么，生命的构成材料是否会在火星泥土中四处游荡呢？“海盗号”着陆器真的发现了外星生物新陈代谢的迹象吗？没有人确切知道。如今科学家们又重新焕发活力，提出各种解释，争论不休。尽管此事一波三折，但莱文一直毫不动摇。他始终坚称“标记释放”实验发现了火星生命的证据，现在仍然抱有这种感觉。

莱文说：“[这种感觉]比以往任何时候都更加强烈。”“自打我首次说出这个结论以来，所有的新数据或与之一致或支持它，从未出现过对其不利的研究发现。”

火星来客

“海盗号”登陆火星的20年后，世界被另一个锈红色的晴天霹雳所震动。

1996年8月，由美国宇航局约翰逊航天中心（Johnson Space Center）的大卫·麦凯带领的科学家小组宣布了一个与“艾伦－希尔斯84001”陨石有关的重大新闻。这块4磅（约1.8千克）重的陨石于1984年在南极洲艾伦山（Allan Hills）地区被挖出。顺便说一句，地球最南端的大陆是搜寻太空陨石的绝佳场所，因为南极是一块不毛之地，陨石仿佛灰黑色的金块一般，在霜白色的地面上极为显眼。

“艾伦－希尔斯84001”是在遥远的过去形成的，距离火星成形的时间并不太久远。1700万年前发生的一场剧烈撞击事件将其炸入太空。这块岩石环绕太阳急驰了几百万圈，直至13000年前被地球引力吸入，这一时间节点与第一批人类先驱抵达北美的时间大致相同。

麦凯和他的同事们发布公告说，在这个“行星际时间胶囊”内部检测出以下成分或结构：其一，碳酸盐矿物，它们是火星很久以前存在液态水的证据；其二，一种被称为多环芳烃的有机分子；其三，微型球状和管状结构，看起来很像微生物化石（这一发现最出名，每次在谷歌图片中搜索“艾伦－希尔斯 84001”时，冒出来的第一张照片便是这张“蠕虫”照片）；最后，纯净磁铁矿的微小晶体，类似于地球上的细菌所生成的晶体。

研究人员在发表于《科学》杂志上的论文中写道：“虽然对每种现象都有备选解释，但合在一起考虑时，特别是考虑到它们的空间关联，我们得出结论，它们是早期火星上存在原始生命的证据。”

哇塞。太棒了！这可是一件了不起的大事。1996 年 8 月 7 日，总统比尔·克林顿在白宫草坪上发表了一段关于“艾伦－希尔斯 84001”的简短讲话，而仅仅在几分钟前，麦凯及其团队在美国宇航局总部举行的新闻发布会上正式向普通民众宣布了这一消息。在揭开这一重大秘密的前几天里，克林顿与助手们仔细讨论了这颗陨石及其潜在的重要性。其中一名助手迪克·莫里斯（Dick Morris）最终如竹筒倒豆子般将消息泄露给一位名叫雪莉·罗兰兹（Sherry Rowlands）的弗吉尼亚州应召女郎。我们之所以得知有这么一块贵重石头的可喜存在，是因为罗兰兹的一部分日记被传了出去。她在 1996 年 8 月 2 日那天的日记中写道：“他说他们找到了冥王星生命的证据！”[你可以在乔尔·阿肯巴克（Joel Achenbach）所著的《沦为外星人的俘虏》（*Captured by*

Aliens, 1999）和凯西·索耶（Kathy Sawyer）所著的《火星来石》（*The Rock from Mars*, 2006）中了解更多围绕“艾伦－希尔斯 84001”通告所发生的种种戏剧性事件。]

但故事远未结束。正如 20 年前所发生的那样，其他研究人员很快就开始尝试寻找火星生命解释的漏洞。其中一些人的审视行为显得咄咄逼人和缺乏礼貌，这让麦凯和他的同事们措手不及。

同样来自约翰逊航天中心（JSC）的科学小组成员凯茜·托马斯－凯普尔塔（Kathie Thomas-Keprta）说：“要是曾经有人能告诉我接下来会发生什么就好了。”“它 [我们的解释] 引起了极大的争议。”

一些怀疑者表示，有机分子和磁铁矿晶体并不是由生物生成的。其他人则认为，“微生物化石”可能是涂层的残留物，因为为了便于使用电子显微镜进行精密观察，科学小组给取自“艾伦－希尔斯 84001”的样品涂上了一层涂层。还有一些人说，其中一些结构太过于微小，不可能是我们所熟知的生命。毕竟，细胞必须足够大，才能容纳维持我们生存的各种分子构件，例如核糖体（它能与氨基酸链接合成蛋白质）。“艾伦－希尔斯 84001”上的某些结构仅有约 20 纳米宽，与单个细菌核糖体的大小差不多。（然而，其他结构则要大得多，并不脱离地球微生物的尺寸范围。）

关于这块火星岩石的激烈争论一直延续至今天。一些研究人员（包括托马斯－凯普尔塔、同样来自约翰逊航天中心的发现小组成员埃弗莱特·吉布森（Everett Gibson），以及天体生物学家德克·舒尔茨－马库奇）继续争辩说，“艾伦－希尔斯 84001”拥有外星生命的确凿证据。

舒尔茨－马库奇说：“如果你把所有证据摆在一起，就能说通了。”他认为，在针对 1996 年论文的反对意见中，大部分源于一个公共关系问题：他说，美国宇航局之所以将重心过度放在“微生物化石”之上，大概是因为它们很上镜，尽管磁铁矿晶体无论是在过去还是在现在仍然是最强有力的证据。

然而，更多人仍然不服气。

克里斯·麦凯（Chris McKay）说：“每个人都希望它是生命。每个人都想要生命的证据，所以没有人注意到这些注意事项。”（他与大卫·麦凯无亲戚关系，后者已于 2013 年去世，享年 76 岁。）“从某种意义上说，这里说的不仅仅指的是科学家，还包括整个世界。每个人都希望找到它［外星生命］，我也不例外——我希望将来能在土卫二和火星上找到生命。否则，我不会干这一行。我们很容易被它［希望］占据心神，而忘了自己接受过的批判训练。”

能不能从以上两种并行叙述中得出什么重要结论呢？可以，能得出一些。在上文中，克里斯·麦凯将其中一个要点总结得非常好。另一个要点我们在第 5 章中讨论过：要想让外星生命监测结果被广泛接受，其标准非常之高。卡尔·萨根的名句虽然被大量引用，但它确实适用于此处：“非常的结论需要有非常的证据支持。”我们谈论的是人类历史上最激动人心、最重要的发现，其次则是琼恩·雪诺是莱安娜·史塔克与雷加·坦格利安之子[①]，所以支撑证据必须要非常经得起考验。（即便

① 译注：三人都是美国著名奇幻作家乔治·马丁的长篇奇幻小说《冰与火之歌》中虚构的人物。

如此，许多人无疑仍会选择不接受它，关于这一点，我们在第 9 章中已有讨论。）

在我们继续讨论之前，再提一件事：无论你对大卫 · 麦凯及其团队收集的证据有何看法，“艾伦 – 希尔斯 84001”研究对行星科学，尤其是火星探测，产生了巨大影响。在白宫草坪上发表的讲话中，克林顿总统说道：“我决心促使美国太空计划充分发挥其智力和技术实力，寻找火星生命的进一步证据。”请注意，该声明并未百分之百落实。在“海盗号”着陆器之后，美国宇航局探索火星的雄心从生命探测转向调查火星的生命宜居潜力——基本上说，是承认了我们对红色星球还不够了解，无法在那里开展卓有成效的微生物搜寻工作。调查火星的宜居程度依然是当下的重点（虽然“火星 2020”漫游者任务将标志着宇航局回归生命搜寻，不过搜寻的仍是死亡已久的生物。）

但美国宇航局确实在“艾伦 – 希尔斯”陨石事件的余波之后，加快了火星机器人计划，你今天仍然可以看到这一计划的影响。截至本文写作之时，该机构共有 5 个航天器正在火星地表或其轨道上对红色星球开展积极研究：“机遇号”和“好奇号”漫游车、“火星奥德赛号”（Mars Odyssey）轨道飞行器、“火星勘测号”（Mars Reconnaissance）轨道飞行器、“火星大气层和挥发性进化号”（Mars Atmosphere and Volatile Evolution）探测器（也是一个轨道飞行器）。2018 年 5 月，一个名叫“洞察号”（InSight）的着陆器被发射前往红色星球；预定于同年 11 月下旬着陆火星。

吉布森说：“可以说，它全力以赴地启动了探索火星的整个行星探测计划以及天体生物学领域的计划。”“美国宇航局局长丹·戈尔丁（Dan Goldin）告诉我们，‘知道吗？伙计们，知道吗？你们在行星探测计划中投入了60亿美元，替JPL［喷气推进实验室（Jet Propulsion Laboratory），该机构位于加利福尼亚州帕萨迪纳市，是负责机器人探测其他天体任务的牵头中心］挽回了2000个工作岗位，你们所创造的、我们与各个天体生物学研究所合作所创造的以及正在进行的各个跨学科项目所创造的成就——你们所有人都应该对这些贡献引以为豪。’”

不明飞行物：智慧外星人？

你可能已经看过这样的视频：一个发光团在云层之上掠过，被一架海军喷气式战机的红外相机所瞄准。光团滚动、旋转，引得跟踪它的飞行员感到不可思议，情绪激动地喋喋不休。“看那个东西，伙计！”其中一个人在无线电里喊道。

这场不明飞行物（UFO）遭遇事件发生在2004年，位置在离圣地亚哥海岸约129千米远的地方。五角大楼有个专门负责调查此类事件的项目，名为“先进航空威胁识别项目（Advanced Aviation Threat Identification Program，简称AATIP）”。AATIP始于2007年，一直持续到2012年，但我们仅在2017年12月通过《纽约时报》和《政治家》（*Politico*）两家媒体近乎同步刊出的爆炸性新闻报道才对它有所了解。

在当时，的确是爆炸性新闻。自从空军终止著名的“蓝皮书计划”（Project Blue Book）以来，美国军方已经不再对不明飞行物开展官方调查。“蓝皮书计划”在1952—1969年期间共核查了12000多起UFO

目击事件。美国军方为什么要启动 AATIP 回归 UFO 调查？为什么不告知我们？这个项目究竟发现了什么？

截至撰写本文之时，我们仍然不知道这些问题的答案，至少不完全知道。通过《纽约时报》和《政治家》杂志的报道，我们只知晓了以下内容：AATIP 由前参议院多数党领袖、内华达州民主党人哈里 · 雷德（Harry Reid）领衔，据说在该项目运转期间，总计花了纳税人 2200 万美元；大部分资金流向拉斯维加斯的“毕格罗航空航天公司”（Bigelow Aerospace），企业家罗伯特 · 毕格罗（Robert Bigelow）是该公司负责人，同时也是不明飞行物爱好者以及雷德的老朋友；最后但并非最不重要的是，毕格罗航空航天公司显然改建了一些建筑物来存储“金属合金”，据 AATIP 的一些主管所言，这些合金回收自不明飞行物。（此处补充一个语义说明：多年以来，由于 UFO 一词已与锡箔帽[②]耻辱挂钩，因此 UFO 信徒经常换用“不明空中现象”（unidentified aerial phenomena）一词。我所提到的“信徒”指的是那些将某些人观察到的不明飞行物视为外星飞船的人。从广义上说，不明飞行物的存在是无可辩驳的：人们确实在天空中看到了自己无法识别的东西。）

我大致算是合金（特别是陌生合金）的超级粉丝，我真的想多了解一点最后一个内容。我相信你也会这么想。但到目前为止，所谓的

② 译注：锡箔帽（tinfoil hat）指的是用一层或多层铝箔或者类似材料制成的帽子状头饰。阴谋论者认为自己是政府、间谍或超自然生物监视的目标，会被他们用一些科技、科幻手段进行精神控制、读取脑电波，而锡箔帽是抵御这种控制的有效手段，在现代文化中，这个词已经成为偏执狂、被害妄想症、伪科学和阴谋论的代名词。

UFO 合金仍被锁在内华达沙漠中那些神秘的改建建筑中。

AATIP 项目的曝光无疑证实了许多 UFO 信徒的怀疑：智慧外星人已经造访地球许多次了，政府对此事心知肚明，却不把那些秘密情报披露给我们。正如我们在第 9 章中所提到的，这样的信徒有许多。“不明飞行物互助网络”（Mutual UFO Network）的执行董事扬 · 哈赞（Jan Harzan）就是其中一位。对于政府持续掩盖真相的行为，他提出了两条可能的原因。

首先，他说，政府担心我们无法应对真相，因为它会对世界经济和整个社会造成太大的破坏。

哈赞说：“第二，他们不希望我们的敌人得到这种技术。”“如果有人能操纵时空，或者用光速移动物体——我指的是，萨达姆 · 侯赛因——那么他就可以瞬间在白宫门口放置一枚核弹，在所有人及时做出反应之前将其炸毁。”

当然，怀疑论者对此事的看法极为不同。例如，他们倾向于指出：美国政府——事实上，任何政府——对在其空域内急速飞过的奇怪物体感兴趣完全是自然反应。事实上，考虑到各国多年来所从事的各种高科技间谍活动，如果他们不去核实，你可能会认为你们的领导人不称职。

此外，五角大楼已停止向“蓝皮书计划”以及 AATIP 项目拨款，并发表声明辩解道：这些计划并没有找到任何有关外星飞船的证据，也没有找到其他任何极为有趣的东西。一名退役空军飞行员詹姆斯 · 麦加哈（James McGaha）说，有一个基本事实适用于 UFO 目击目录中的全部事件[3]。麦加哈如今是亚利桑那州草原天文台（Grasslands Observatory）的天文学家兼台长。

麦加哈说道："绝对没有证据。"多年来，麦加哈已调查并评估了许多起不明飞行物目击事件。"没有任何证据。从来没有过。"

以有史以来最著名的UFO事件为例。没有证据表明：美国政府于1947年在新墨西哥州罗斯威尔（Roswell）附近发现了一艘坠毁的外星飞船，并将长着球状脑袋、手指修长的飞船乘员拖到51区进行解剖。麦加哈说，相反，一切证据都指向同一个结论：这是一个气球系统坠毁在当地，这个气球系统属于美国军方彼时的最高机密——"莫古尔计划"（Project Mogul），坠毁前正在监视大气层中苏联核试验的迹象。（他补充道，罗斯威尔事件沉寂了30年，直到1978年，一些UFO爱好者开始调查并宣传该事件，才使它重新回到公众视野之中。）

我们在上文中提过的那个颇具戏剧性的视频呢？麦加哈等怀疑论者认为，发光团看起来非常像远处一架喷气式飞机的热信号。（请记住，这段录像是由一台配备了红外传感器的相机拍摄的。）据英国国防部负责调查不明飞行物目击事件的尼克·波普（Nick Pope）所言，事实上，许多最令人费解且易引起联想的不明飞行物事件或许都可以追溯到飞机

③ 这个目录极长：自1905年以来，累计已有超过100000个目击报告。很大一部分来自美国，要么是因为地外生命对这个世界上最重要的超级大国最感兴趣，要么是因为我们最沉溺于UFO神话。至于选择接受哪个原因，取决于你的世界观。请参阅：https://vizthis.wordpress.com/2017/02 /21/i-want-to-believe-ufo-sightings-around-the-world.

身上，尤其是我们不应该知道的那些东西。

他说："航空技术可能要比公开宣布的技术水平先进10~15年，有些人说先进20年。""如果目击事件的质量较高，比如说有可信的目击者，甚至还有额外的东西，如照片、视频或雷达什么的，那么我认为，从统计上来看，我们极有可能接触到了一些'深黑项目'——机密的飞机原型机或无人机。"

在许多情况下，我们可能永远不会知道。例如，在"蓝皮书计划"所调查的目击事件中，大约有700余起至今仍未得到解密。真令人沮丧。太让人不爽了。仅仅因为没弄清楚某个UFO是个什么东西，并不意味着它就是一艘外星飞船。这是一种无根无据的跳跃性逻辑思维，可是有太多人轻率地这么做。

这一跳跃过于诱人。我们所有人都想这么做，至少在潜意识中希望这么干。我们已经准备好接受地外生命的存在了，既源于科幻小说的熏陶，也源于本书所讨论的各种令人兴奋的神秘发现——火星上可能的生命迹象、太阳系外层空间中的地下海洋、可能与地球相似的域外行星、诡异变暗的恒星（甚至让科学家们编出"外星巨型建筑"一词）、跨越空间传来的奇怪无线电讯号，等等。我们中的一部分人已经做好相信的准备了，无论有没有证据。比如说，民意调查一贯显示，大约有一半的美国人认为鬼魂和天使是真实的。

麦加哈也看到了此种关联。

"这是一个信仰体系，"他说，"一个谬论，一种迷信。它让人感觉良好。"

同样的基本论点也适用于外星人绑架的新闻。怀疑论者已经注意到，许多声称被绑架的人在过了若干年之后才能回忆起自己的经历，而且经常还是在催眠状态下回忆起来的。他们还提到，绑架事件发生时，人们往往处于半睡半醒、介于现实和梦境之间的灰色模糊状态。迈克尔·谢尔默（Michael Shermer）在其于1997年出版的《为什么人们会相信奇闻异事：伪科学、迷信和我们这个时代的其他困惑》（*Why People Believe Weird Things: Pseudoscience, Superstition, and Other Confusions of Our Time*）一书中提出了这些观点。

如你现在所知，我毫不含糊地站在怀疑论者的阵营中。但这并不意味着，我认为UFO信徒愚蠢或幼稚；我认为目前还没有人对外星人造访一事给出令人信服的理由。非常的结论需要有非常的证据支持，等等。我的直觉告诉我，地外生命就在穹顶之外的某个位置——但它还告诉我，我在这个星球上的存在只是短暂的，外星生命在此期间访问地球的概率并不大，如果已经来过了，我们可能都会知道。

第11章

外星人会杀死所有人吗？

太阳从一座小山上偷偷窥视着大地，在靠近安大略湖东岸、乱石遍布的草甸上斜斜地撒上了一层金色的光辉。薄雾低低地笼罩在草地之上，高度甚至比周围的树木还低，但是过于细碎的一缕缕雾气根本无法遮蔽纷乱的人类骚动——数百名近乎裸体、挥舞着棍棒的男子追逐着一个由鹿皮制成的小球。

这一场景发生于北美的一块弹丸之地，时间是1492年10月12日的清晨：一场激情四溢的巴加特韦（baggataway）兜网球比赛（最终演变成为一种名为长曲棍球的休闲运动）。在距离此处西南方向的2000英里（约3219千米）处，在今天的亚利桑那州盐河谷，阿基梅尔－奥哈姆族（Akimel O'odham）的农民正在侍弄田里的豆子、玉米和甜瓜。与此同时，在如今的墨西哥城附近，一座神殿的屋顶上正在举行一场仪式，一名阿兹特克神父将一颗仍在跳动的心脏从一名被俘虏的敌对武士身上挖出，然后将血肉模糊的尸体往下踢到金字塔宽阔的石阶上。（我并不是有意暗示，人牲界定了丰富而复杂的阿兹特克文化。但是，嘿，“只要能见红，就能上头条。”[1]）在巴哈马的一个小岛上，三艘悬挂西班牙国旗的小型船只靠岸，结束了横跨大西洋、为期九周的旅程。

此次登陆改变了一切。仅仅三代人之后，西班牙人就颠覆了新大陆上有史以来的最强大帝国。阿兹特克帝国于 1521 年轰然倒塌，而统治版图从智利中部一直延伸至哥伦比亚的印加帝国也于 1572 年崩溃。该地区数以百万计的土著人要么死去，要么沦为奴隶，后者被迫在金银矿中挥舞镐头或者在闷热的甘蔗种植园中挥动镰刀。

斯蒂芬·霍金将这段悲伤的历史视为警世恒言。宇宙学家们反复警告说，如果智慧外星人存在于银河系的某个地方，那么整个人类都可能遭遇曾降临在阿兹特克人和印加人身上的命运。

霍金说：“这些高等外星人很可能到处游牧，所到之处，所有行星都会被他们征服并殖民。”霍金在 2010 年播出的《与霍金一起了解宇宙》（*Into the Universe with Stephen Hawking*）中说出了这番话。该节目是探索频道（Discovery Channel）播出的一档电视节目。“如果事实是这样的话，他们会掠夺每个新发现行星的资源，建造更多的太空船，以便继续前行。这是情理之中的事情。谁知道他们的底线会是什么？”

---

① 译注：原文为“if it bleeds, it leads”，这是一条新闻传播的经典法则，意思是：如果新闻的内容充满了流血事件，那么这则新闻总是会出现在头版，引起人们注意。

2016年，他再次在纪录片《斯蒂芬·霍金最喜爱的地方》(*Stephen Hawking's Favorite Places*)中说道："迎接一个高等文明可能就像美洲原住民遭遇哥伦布一样。结果并不是那么好。"

公平地说，这些闯入者可能是受需求所驱使而不是贪婪。例如，也许某个类似于维达[②]的银河系霸主摧毁了他们的家园星球，于是，他们希望在地球上重建自己的文明，因为地球可能是周围几光年范围内最有希望的绿洲。清除这个新世界的旧统治者只是小菜一碟。在他们看来，后者是一种奇怪的种族，大多数个体是无毛的两足动物，会偷走并饮用其他毛发更盛的物种为自己的幼崽产出的营养液。

如果你相信人类会团结在一起，英勇地击退舞动着触手的入侵者，那么你是看了太多描绘人类痛殴外星人的科幻电影，比如说《独立日》，在电影中威尔·史密斯扮演的战斗机飞行员实实在在地往一个外星人的脸上打了一拳。令人沮丧的是，我们甚至可能连"团结起来"都做不到，尽管罗纳德·里根对此抱有阳光般的乐观情绪[③]。毕竟，我们一直面临着若干威胁到自身存在的危险——核浩劫和持续的气候变化危机从我们的脑海中冒出来，可是到目前为止，我们还是争吵不休，试图达成异议不断、脆弱不堪的半拉子解决方案。自私的部落主义似乎是人性的一个关键组成部分，类似的还有进行复杂抽象思维的能力、汤姆·汉克斯的

---

② 译注：西斯黑暗尊主达斯·维达(Darth Vader)，原名阿纳金·天行者(Anakin Skywalker)，是电影《星球大战》系列里的主角之一。

③ 1987年9月，在一次发表于联合国的讲话中，里根说："我偶尔会想，如果我们受到来自这个星球之外的外星人威胁，世界范围内的纷争将会消失得有多快。"

无性爱情，以及对小丑的极度恐惧。

不过，假如我们强压下争端，携手共同对抗地外生命呢？我们依然还要前去战斗，或者更确切地说，畏缩、逃跑、投降，被射线枪、酸性爆能枪之类的超酷武器融化。在外星人嘟嘟囔囔地发动入侵时，以上都是标配。我们几乎肯定会感到无助，我们就像一群毛茸茸的小鸭子，被鳄鱼猛然咬住一般。

想想看：任何已经掌握了星际航行技术的文明，都会比我们高等得令人难以置信。在一个合理的时间范围内，跨越如此巨大的距离需要利用大量的能量——如果他们愿意的话，入侵者可以将这些能量倾泻到我们头上。也许他们拥有物质－反物质引擎，就像《星际迷航》中的联盟舰船一样。也许他们可以扭曲时空，随意制造虫洞。而在地球上，我们仍然需要将黑色岩石从地下翻找挖掘出来，然后将其燃烧来生成能量。

因此，即使人类拿出全部的15000枚核武器，在洛杉矶或伦敦上空与一艘外星殖民船交战，也不会取得丝毫战果，其情形就像是拿着一把刮铲抵挡猛冲过来的犀牛一样。

我们可能会在这里用克里斯托弗·哥伦布的类推法来抬举自己；毕竟，阿兹特克人、印加人和西班牙人都属于同一物种的成员。（尽管名称不同，但印加人依然是一个正常的人类种族，而不是章鱼人。）外星人对地球的入侵可能更像欧洲海员和殖民者对毛里求斯印度洋岛屿的掠夺，他们很快灭绝了毛里求斯猫头鹰、宽嘴鹦鹉、毛里求斯翘鼻麻鸭、马斯克林群岛长尾灰鹦鹉、毛里求斯小飞狐、毛里求斯巨蜥、霍夫斯特蠕蛇、两种巨型乌龟以及包括渡渡鸟在内的十几种物种。

波普说："即使将经典的军事学说考虑进去，如防守者总是占有优势，通信线路，等等，我们也不是对手，我敢肯定。"

经典的军事理论也要求对众多可以想象得到的威胁做好应对准备，但波普怀疑，无论是美国还是英国都没有制订专门应对外星人入侵的计划。他说，在其供职国防部的整个期间内，从来没有见过此类文件，否则由于负责 UFO 事务，他几乎肯定会参与起草或管理的相关文件的。

波普认为，此类计划的缺失将是"一个巨大的错误"，原因并不在于有没有制订计划会对战斗产生真正影响，即使楔形战机阵列的钳形机动战术被军官们手持扩音器训练至完美战备状态，地外生命仍会将我们打得像只租来的骡子一样温顺。（我不是军人，但我可以就话题本身谈上一谈。）但是，一份勉强够格的蓝图就有可能有助于减少入侵所引发的恐慌和混乱，从而确保一个运转良好的社会至少能多维持一段时间。它还可以加快从战场上移除尸体的速度，从而在大灾难之后控制老鼠数量。

值得一提的是，能够陷我们于万劫不复之地的入侵者不一定体型巨大、长满尖牙。想一想历史是如何记录新大陆征服历程的。欧洲人能够迅速接管新大陆，主要是因为土著人口对殖民者携带过来的疾病缺乏免疫力，尤其是天花和麻疹。这些病菌杀死了大量的原住民，导致整个美洲的土著人口数量从征服前的约 6000 万人骤降至 1650 年的 500 万人左右。（然而，这些数字并不十分精准；对于哥伦布抵达前的美洲人口，估计值不一而足，从 1000 万到超过 1 亿不等。）

请注意，搭乘星际彗星或小行星的未知外星微生物不太可能会造成这样的浩劫。地球上的传染性病菌和病毒在感染人类之前，一直与人类和其他宿主物种同时进化。另一方面，外星病菌可能与地球生命极为不同，以至于缺少渗透人类细胞所需的分子构件。

肖斯塔克说："它们只会待在那儿，就像海滩上的沙子一样。""不必担心它们会感染你的身体。"

不过，谁又能保证我们可能遭遇到的外星微生物都是随机出现的或天然存在的呢？一些科学家警告说，如果谋算地球的外星人对人体生物学有足够的了解，他们只需降一场经过基因改造的微生物雨就可以击倒我们，然后在闲暇时分溜达下来，在人类文明的废墟上树上一面旗帜，在新近变得无主的所有大型游艇上懒洋洋地混日子，直到衰老膨胀的太阳将我们的星球烤得酥脆。

我们应该保守秘密吗？

对于超级高等、资源匮乏或者只是简单轻率的外星人的担忧［比如《银河系漫游指南》中的"沃贡人"（Vogons）为了修建一条超空间快速通道而将地球轰为尘埃］在 SETI 圈内引发了激烈争论。霍金与一帮志同道合的人都认为，我们不应该将信号发射到宇宙中以图联系地外生命，或者说至少我们应该对信息中所透露的内容极为谨慎才好，以免把巨型游艇的位置暴露给外星人，以至于最后成为他们的休闲场所。为什么要向潜在的敌人泄露自身的存在呢？如果他们愿意的话，完全有能力把我们捣烂，变成粉红色的肉汁。即使信号被心怀恶意的外星人监听到的概率非常低，但主动招惹敌人导致自身灭绝的可能性不得不慎重对待。因此，按照这一思路，主动 SETI（又名 METI）的收获不足以冲抵所招致的风险。沃西默说："我不认为危险性很高。""但问题是，[即使]如果风险较小，但你还须乘以地球总人口数。如果引来地外生命吃掉我们的风险有千分之一，那么你每发射一次，平均而言，就会杀死700万人。如果风险是百万分之一，那么你每发射一次都会造成7000人死亡。"

天文学家还给出了保持单听模式的其他原因，至少目前需要保持这一模式。

吉尔·塔特说："我们目前还不够成熟，还不能做这件事。""一旦启动某个发射计划，就必须要花费数千年乃至数万年的时间才能成功实现目标。如果只发射五分钟，并且信号从预定目标旁边径直通过，那么他们恰巧在正确的时间、以正确的方式看向这边的可能性微乎其微。"

她补充说，在解决了一些可能导致人类文明遭受重挫的问题之后，例如失控的人口增长和气候变化，我们或许能够以一种有意义的方式处理 METI 问题。

持有相反立场的是一些像道格·瓦科赫（Doug Vakoch）这样的人。他承认，虽然很难将 METI 事业延续很多世代，但他认为我们无论如何都应该尝试一下。他说，这样做可以帮助我们这个以短视闻名的物种获得一点长远前景，这本身就是一个有价值的目的。

瓦科赫说："如果主动发射信号的工作能够持续推进，如果数千年以后的后世子孙一直在监听答复，那么无论他们是否收听到了任何回应，METI 都已取得成功。"

他和其他持类似观点的人强调说，至于人类应该采取主动，还有别的可能原因。例如，高等外星人就像宇宙中的偷窥狂一样，或许正默默地从远处监视我们，等待我们流露出交流的意愿。或者，他们目前可能认为逗弄我们不够有趣——打个比方，大多数人就是这样看待蚂蚁的（这是一件令人惋惜的事，因为蚂蚁实际上非常有趣）。因此，我们的联络行为就像是一只蚂蚁拉住你的袖子，询问你今天过得怎么样。你愿意和那个小家伙说话么，不会吧？难道你不仅愿意，甚至还会告诉他或她一些非常炫酷和有用的东西，比如内燃机和抗生素的工作原理，或者如何设置一个针对食蚁兽的陷阱？至于向地外生命发送消息，其中一个期望便是，不仅可以促成有史以来最伟大的科学发现，而且还表明我们配得上加入银河系俱乐部。一件印有星星图案的漂亮运动夹克衫可能不是唯一的会员特权。

艾维·勒布说，高等外星人“可以帮助我们解决我们自己无法解答的谜题”，“大体上说，如果他们的技术水平领先我们10亿年，那么我们就可以获得进入下一阶段的捷径。我们可以为进化节省10亿年的时间。”

与瓦科赫和勒布类似的人说，METI的好处可能很大。那代价呢，比方说，可能导致人类灭绝？假如外星人教会我们制造出超酷的机器人，难道他们就不会对其秘密编程，然后命令它们杀死我们所有人吗？好吧，主动SETI的拥趸往往不太担心会将邪恶的外星人引到自家门口。瓦科赫说，距离地球足够接近以至于有能力接触和狠揍我们的所有文明都已经知晓了我们的存在，因为数代人以来被我们泄露到太空中的所有辐射信号都被他们检测到了，其中包括《我爱露西》[4]的旧剧集。（然而，沃西默反驳说，泄漏出去的信号是很微弱的，而且比有意发射的消息更难以检测。）

由于岩质行星在整个宇宙中极为常见，所以瓦科赫也不认为地外生命会对地球及其资源产生任何特殊的恶意兴趣。肖斯塔克也提到了这一点。他说道，因此，唯有改换地球人的宗教信仰以及科学好奇心才会促使他们来访，外星人要么是希望我们皈依他们的宗教，要么是希望弄明白我们的行为方式。

肖斯塔克说："考虑到向地球传送星际战车的成本，这两个目的都不怎么紧迫。"

你在思考奴役问题吗？尽管你可能已经阅读过相关内容，但奴役似乎也不是一个可行的激励因素。毕竟，一个全方位的宇宙航天文明肯定能够制造出永远比我们更擅长开采"难得素"[5]或取悦淫荡酋长的机器人。

非常害怕（或不要害怕）

我们应该对地外生命惧怕到什么程度？我也说不好，因为我们对高级外星人究竟长什么样以及他们是否真的存在一无所知。这可能只取决

④ 译注：《我爱露西》（*I Love Lucy*）是20世纪60年代风靡美国的一部热播电视剧，也是美国电视史上最受欢迎的喜剧剧集。

⑤ 译注：难得素（unobtainium，是unobtainable与-ium的合并字），是虚构的物质，字面解释为很难获得或极度罕有的化学元素。

于你是一个乐观主义者，比如肖斯塔克、瓦科赫和勒布，还是一个悲观主义者 / 风险计算者，比如沃西默和霍金。

虽然我本人对此心里很没底，但我可能更倾向于乐观主义者的阵营。“他们为什么要对地球起心思？”我认为这样的基本看法是有道理的。同样有道理的还有下面这个颇有见识的推想：尽管占据新闻头条的都是一些坏消息，但几个世纪以来人类已经变得不那么暴力、不那么具有侵略性了。斯蒂芬·平克（Steven Pinker）在其 2011 年出版的《人性中的善良天使：暴力为什么减少？》（*The Better Angels of Our Nature: Why Violence Has Declined*）一书中表达了这一观点。假如这一趋势在整个银河系各个文明之间普遍存在（当然，“假如”一词要着重强调），那么超高等外星人实际上可能会相当温和。他们第一次接触我们时，可能会给个拥抱或屈尊拍拍我们的头。

此外，值得忧虑的事情已经很多了——气候变化、核战争、人工智能的兴起、纳米技术失控、生态系统大面积崩溃以及经过基因改造的超级病毒，仅举几例。我实在不愿在这个长长的清单上再加上一个关乎生死的紧迫威胁。如果在不久的将来，其中一个人类自作自受地威胁杀死了所有人，那么我们连被高等外星人拍拍头的机会都没有，也不值得他们这么做。

第二编

冲出穹顶

第12章

我们会在月球和火星上殖民吗？

对所有憎恨地球的人来说，这里有一条好消息：尽管这么多年来，地球将你们的存在视为理所当然，但你们很快就可以抛弃生你养你的星球了。你唯一要做的就是成为一名宇航员，或者月球矿工，抑或是，变成超级富豪。

2017 年 12 月，唐纳德·特朗普（Donald Trump）总统签署了一项命令，指示美国宇航局派遣宇航员重返月球表面。自 1972 年“阿波罗 17 号”的宇航员返回家园以来，再也没有人类在月球表面留下新鲜脚印了。（不过，陈旧的靴印仍然存在，因为月球上没有风，没法将它们吹跑。）中国的目标是在 21 世纪 30 年代中期实现首次载人登月，欧洲航天局官员谈论建立国际“月球村”的设想有一段时间了——这一愿景很可能会在同一时间框架内成为现实。

太空政策专家约翰·洛格斯登（John Logsdon）说："我认为，在未来20年或更短的时间里，月球表面可能会出现由政府资助的国际前哨基地。"洛格斯登是乔治·华盛顿大学艾略特国际事务学院的荣誉教授。他预计，鉴于美国的财富及其在太空探索方面的领导地位和传统优势，美国将会主导此次探月热潮。

你可能会问，这些登月先驱们将会做些什么？他们会做许多与科学有关的事情，比如凿下大块的岩石，把它们带回实验室进行研究。透过月球漆黑、无大气的天空，凝视着耀眼的明星（无论你如何含情脉脉地对它们唱歌，它们都不会闪烁；由于地球大气层中存在湍流，因此在地球的夜空中星星会闪烁）。相比地球，特别是如果前哨基地位于月球的另一侧，幸福地远离所有位于地球表面的无线电发射机［它们将《法律和秩序》（*Law and Order*）的重播剧集以及《第五元素》（*The Fifth Element*）猛烈地发射进入太空］，那么在月球表面建造射电望远镜就能监听到更多的黑洞打嗝声以及脉冲信号的咻咻声。最重要的是，学会在地球以外的环境中生存，也能为人类即将开启的火星移民做好准备。（下文将介绍更多相关信息。）

一开始，月球基地会比较小，只有少数（可能由政府派遣的）宇航员驻扎，开展基地建造和科学研究工作。［当然，机器人（绝大多数并不邪恶）将提供很大助力。］但基地可能会显著扩大：有钱人可能会来此参观一段时间，住在基地或附近的酒店，也许会住在毕格罗航空航天公司建造的大型充气居所里。没错，就是那个可能（或许没有）为美国政府储存外星合金的同一家公司。顺便提一句，该公司计划在2022年前发射一个这样的住所进入绕月轨道。

接下来的工作重心是我们谈论过的采矿问题。前哨基地需要泥土和岩石来制造物品（主要使用 3D 打印机来制造），以及保护住所免受极端温度和辐射的影响。（月球没有保护性磁场和大气层。）因此，无处不在的灰色月尘可能会是第一个开采目标。但接下来，采矿作业将转向水冰，月球两极附近永远被阴影笼罩的陨石坑底部似乎存在很多水冰。再往后，采矿机器人可能会开始勘探并采挖稀土金属、钍（一种在某些类型的核反应堆中可用作燃料的放射性元素）和其他贵重物质，由于足够珍贵，将其运回地球出售也有利可图。如果业务蓬勃发展，机器人劳动力大军将会扩大，从而需要更多的人来此负责修复和维护这些机器。来自地球的寻宝人就像在淘金热时代驶入旧金山湾的“49 淘金者”[①] 一样纷纷登上月球。

① 译注：49 淘金者（49ers）指的是 1849 年涌入北加州的淘金者的统称。

无论最初的月球基地有多大，并非所有的机器人矿工都会与之有关。一些私营公司，如月球快车和 iSpace[②]，也计划参与月球开发以及研发机器人太空船。他们的第一个目标便是水冰。水冰可用于饮用、洗澡和种植太空豆。

除此之外，他们还有更大的野心：将水分解成氢和氧，从而制造出火箭燃料，并将燃料运往地球之外的仓库以供出售。他们的论点是，给旅途中的太空飞船注加燃料应该有助于推动太空开拓。小行星采矿公司“行星资源”（Planetary Resources）的总裁兼首席执行官克里斯·莱维基（Chris Lewicki）说：“在太空中，没有太空资源就无法开展大规模活动。”该公司也计划先开发水资源。

听起来很不错！但是，如果这些公司最终赚到大钱，那么太空采矿活动就会引发太空纠纷。

哈佛大学天体物理学家马丁·埃尔维斯（Martin Elvis）说：“我们总是为稀缺而宝贵的资源发生争执。”“如果所涉及的财富数额巨大，那么争端就会蔓延到地球，这可不是好事。我希望我们能避免这种情况的发生，但我对此没有信心。”

埃尔维斯说，太空资源争端可能会悬而不决或如滚雪球般愈演愈烈，因为缺少一个被普遍承认的权力机构出面裁决争端。各国于 1967 年签署的《外层空间条约》（*Outer Space Treaty*）虽然禁止各国对月球、小行星或任何其他天体提出领土要求，但并未对采矿和私营公司的权利直接

---

② 译注：iSpace 是一家致力于月球开发的日本公司，成立于 2010 年。

予以规定。（在那个“爱之夏”[③]，人们并没有过多地去考虑小行星和月球采矿问题。）在美国看来，这就意味着《条约》默许采矿，于是甚至自行立法明确允许美国公司从太空资源中获利。

但是，也不是所有的人都这样认为。例如，一些国家认为，需要设立一个国际许可制度，以密切关注太空采矿事务，并将不遵守这一框架协议的个人或机构视为藐视宇宙法律。可以想象得到，少数国家甚至会颁布法律，禁止在本国境内出售太空资源。

内布拉斯加大学林肯分校（University of Nebraska Lincoln）太空法教授弗朗斯·冯·德·邓克（Frans von der Dunk）说：“它们可能会将它[太空资源]归入血钻或被盗艺术品之列。无人知道它的流向。”

把话题拉回月球前哨基地。前哨基地最终会有多大？100人？500？1000？如果达到1000人，“前哨”会升级为“定居点”么？[在航天界，人们倾向于使用“定居点”（settlement）而不是“殖民地”（colony）一词。“殖民地”意味着在一定程度上对母国的更大统治势力存在依赖，也会唤起如下联想：殖民者对原住民施加暴行。]对于这些问题，我也没有答案。但是人们很快会回到月球上，这对我来说已经足够了。

实际上，还不够。我很贪婪。我还希望看到火星上出现人类定居点。

③ 译注：1967年的夏天被历史学家称为“爱之夏”（Summer of Love），因为在那个夏天，旧金山爆发了一场声势浩大的嬉皮士运动，“爱”是那场运动的口号，故得此名。

在火星定居

美国宇航局计划在 21 世纪 30 年代派遣少数宇航员到火星寻找古老生命的迹象，并开展一些很酷的研究和探索工作。但是，说到去红色星球定居，就绕不开太空探索技术公司（SpaceX）。

火星早已进入伊隆·马斯克的视线之中。早在 21 世纪初，他就筹划将一间小小的温室送往这颗红色星球，以此激发美国和全世界对火星探索的兴趣。绿色植物在红土背景衬托之下茁壮生长，在寒冷而遥远的世界里充当生命的先锋，的确能营造出一种强烈的视觉效果。

马斯克对这个“火星绿洲”（Mars Oasis）项目是极为认真的，甚至去俄罗斯商谈火箭运载价格。于是，经过一番这样的探索，他很快相信，世界需要更便宜和更好的火箭技术，而他应该自己开发这项技术。因此，向来胆大的马斯克于 2002 年创立了太空探索技术公司，明确地将目标定为帮助人类成为多行星物种，从而降低我们灭绝的可能性。（如果一些有进取心的恐龙很久以前就去殖民火星了，那么今天我们或许能通过望远镜观察到恐龙人在这颗红色星球上开凿出来的运河。）

现在我们知道他打算怎么做了。2017 年秋天，马斯克公布了太空探索技术公司用于火星殖民的更新版运载工具——一种体积巨大、可重复使用的火箭与太空飞船联合体，取名为 BFR，是“大猎鹰火箭”（Big Falcon Rocket）或“Big F*cking Rocket”[④] 的缩写。我真的认为它的体积

---

④ 译注：“Big F★cking Rocket”的字面意思是“他妈的大火箭”，其中“F★cking”是“Fucking”的变形。

很庞大：BFR 载具将有 348 英尺（约 106 米）高、30 英尺（约 9 米）宽。据马斯克所言，这一型号的火箭将是有史以来最强大的火箭，有效载荷甚至超过美国宇航局在阿波罗计划时代研发的“土星五号”（Saturn V）探月火箭。

根据太空探索技术公司的设想，“大猎鹰火箭”是一个万能系统，最终将取代该公司的主力运载火箭“猎鹰 9 号”（Falcon 9）和最近首次亮相的“重型猎鹰”（Falcon Heavy）火箭，以及它的“龙”（Dragon）太空船。马斯克说，逐步淘汰类似装备将有助于提高 BFR 的经济可行性。如果一切按计划进行，BFR 宇宙飞船将会大批次、高速往返于地球与火星之间[⑤]，在满载情况下，每艘飞船可大约容纳 100 名乘客，每人还可携带福贝娃娃[⑥]、指尖陀螺[⑦]等让他们沉迷不已的玩具。

还要多久啊？嗯，截至本文撰写时，太空探索技术公司希望在 2022 年向这颗红色星球发射太空飞船执行货运和侦察任务，然后在 2024 年启动第一次载人飞行任务。（两次发射机会之间大约相隔两年是由轨道动

---

⑤ BFR 宇宙飞船还将去往月球。按照马斯克的说法，BFR 系统能将乘客运送到整个太阳系内的众多目的地。

⑥ 译注：福贝娃娃（Furbies）是一种电子玩具。最初，福贝娃娃说着自己的语言，但随着主人与福贝娃娃的互动日渐频繁，它们能渐渐学会主人的语言。福贝娃娃也可以和同类互动，依靠运动传感器，它们可以感知到同类的抚摸和移动。

⑦ 译注：指尖陀螺（fidget spinners）是一种有一个轴承对称结构、可以在手指上空转的小玩具，由一个双向或多向的对称体作为主体，在主体中间嵌入一个轴承的设计组合，整体构成一个可平面转动的新型物品，这种物品的基本原理相似于传统陀螺，但是需要利用几个手指进行把握和拨动才能让其旋转。

力学造成的：每隔 26 个月，火星和地球就会连成一条适合执行跨行星飞行的直线。）如果一切正常，用不了多长时间，全面运营的客运航班随后就会启动，将越来越多的乘客运往火星，最终在红色星球上建成一座相对自给自足、人口达百万人的城市，在理想状态下于本世纪末达成这一目标。

太空探索技术公司并没有为这个城市绘制蓝图；它只提供往返交通。马斯克将 BFR 在火星殖民中所起的作用与 19 世纪横贯北美大陆、推动美国西部发展的铁路进行了类比。

请注意，我不想给你留下一个错误的认识：太空探索技术公司并不是我们以有意义的方式离开地球的唯一希望。例如，蓝色起源公司（由亿万富翁杰夫·贝索斯支持的另一家航天公司）也有一个明确的目标：帮助“数以百万计的人口去往太空生活和工作”。与太空探索技术公司一样，蓝色起源公司正在开发大幅降低成本的可重复使用火箭，并已多次成功完成助推器的着陆和飞行测试。 蓝色起源公司的代表说，火星是该公司的长期愿景之一，但他们并没有详细透露到底打算做什么。

营造一个宜居的世界

第一批火星定居者将会遭遇一个想夺走他们性命的世界，而实现这一目的至少有四种有趣且痛苦的方式：窒息、严寒、辐射和血液沸腾。[美国宇航局的行星科学家帕斯卡·李（Pascal Lee）说，火星的大气压很低，以至于溶于血液的气体会迅速从血液中噗噗冒出来；事实上，你将第一时间被杀死。] 因此，起初，他们大部分时间内可能都会待在地下。

但毫无疑问，火星移民最终还是喜欢像在地球上那样，衣着随意，手握网球拍，将毛衣系在脖子上，漫步在阳光下。因此，他们会尝试推进行星工程，以改造自己的新家，使之更像人类祖先时代的地球。那时的地球只是偶尔试图夺走祖先们的生命（以相对迟缓的方式，如细菌、病毒、悬崖和豹子）。

首先，需要用大量吸热的温室气体来充实火星稀薄的大气层，比如二氧化碳（已经是红色星球的主要大气成分）、水蒸气、氨气和氟碳化合物。

多年来，热衷于火星殖民的团体已经提出了许多可能的方法以实现这一目的。例如，把富含水的彗星或小行星推到与火星相撞的轨道上，或者在火星两极上方引爆一堆核弹，将以冰的形式存在的水和二氧化碳汽化。或者，如果不希望采用如此暴力的手段，可以在火星轨道上架设巨大的镜子烘烤融化极地冰，或是在极地冰盖上播撒黑色尘土，以更自然的方式吸收阳光。

殖民者还可以建造工厂，向空气中排放超强效的氟碳化合物——从本质上说，故意制造工业污染。（这也是智慧生命存在的一种征兆，可以被远方的外星人探测到，见第5章。）火星协会主席罗伯特·祖布林（Robert Zubrin）说，依据殖民者的技术先进程度，他们还可以依靠经过生物工程改造的微生物或异常复杂的可自我复制的纳米机器来执行这项工作。长期以来，祖布林一直鼓吹火星移民，并于1996年出版了一本颇有影响力的著作《赶往火星》（*The Case for Mars*）（内有一章描述了诸多外星环境地球化改造策略）。

然而，即使气候变暖达成了，但仍然只完成了一半的工作，还需要在火星的红色土壤中大量播种植物和/或光合微生物，以获得氧气。即使完成了这项工作，事情还没有彻底结束。由于火星没有全球性磁场，所以太阳风会不断撕开新加厚的大气层。因此，定居者必须不时地开展一些维护工作，以保持火星的宜居状态。

这一切能奏效吗？祖布林认为能奏效。他还对火星殖民的时间段持乐观态度，特别是考虑到近未来的火星探险家可能具备的技术能力（假设他们拥有经过生物工程改造的微生物以及可自我复制的纳米机器）。祖布林说："我认为火星环境的地球化改造能在几百年内完成，而在改造过程中所用的技术在我们今天看来仿佛出自科幻小说一般。"

如果你对改造另一个星球以满足自己的需要感到有点不安，那么你并不孤单。对此，我也感到很恶心。如果火星微生物仍然在这个寒冷的世界里坚强生存，这样做的话会从根本上改变它们的进化路径，而且对火星所做的小修小补甚至可能会消灭整个现存生态系统。

然而，祖布林对此毫不在意。他认为，假如火星本土生物的确仍然存在，我们只管在火星地表上建造尽可能华丽的巴洛克式建筑，就让它们待在潮湿的地下堡垒里好了。他说，将地球生物圈扩展到火星，大量催生各种新奇的生命形式实际上是一件好事。"我们将会创造出一个全新的生命世界——不这样做的话，就是放弃对地球生物圈和生命的责任。

没那么快?

一百多万人在火星上幸福地忙着自己的事、打网球或假装享受打网球——要实现这个宏伟的愿景还需克服一些重大障碍。其一是高昂的发射成本。太空探索技术与蓝色起源之类的公司正在努力研发可重复使用的大型火箭以大幅削减发射成本（蓝色起源公司计划在 2020 年让其“新格伦”（New Glenn）重型运载火箭首次亮相，与此同时，该公司正在研制一款更为强大的火箭，名为“新阿姆斯特朗”（New Armstrong））。其二是脱离地球该怎么生存。我们以前从未这么做过——宇航员在国际空间站上停留的时间还是相对较短——所以我们不知道脱离地球的生存最终会有多困难。

贝勒医学院空间医学中心的资深教员克里斯·伦哈特（Kris Lehnhardt）说：“我们从未研究过多大的引力才是合适的。”“月球的引力是[地球引力的]六分之一；火星则是八分之三。我们不知道临界点在哪里，维持正常身体系统需要多大的引力。”

他说，我们甚至不知道女性在太空中能否怀孕，以及在远离地球的地方，胎儿能否正常地生长。显然，这可是一件大事：没有火星婴儿意味着无法在火星上创立定居点，无论如何，至少无法让定居点实现自我维持。

一些人认为，改造火星环境要比祖布林想象的要困难得多。例如，对于能否使用微生物（无论有没有经过生物工程改造）恰如其分地“调频道”，鲁弗肯就深表怀疑。

鲁弗肯说：“将火星环境改造到适合我们生存的完美状态只能碰运气。“基本上算是在重演进化历程。如果让进化重演了，还需要发展出光合作用么？也许不要；这样的话，就会诞生一个极端嗜热的生态系统。发明光合作用的细菌几乎毒害了地球。它们致使 99% 的地球生物灭绝；

彻底改变了大气结构。除了它们及其后代——我们，所有生物都死了。”

因此，鲁夫昆绝对不看好去火星定居。（然而，他确实说过，若把火星变成墓园，马斯克可以大赚一笔：“如果能把去火星下葬的收费定为每人 1000 美元，就可以做到比这儿的下葬费用更为低廉。”）洛格斯登也对马斯克的计划持怀疑态度。他说：“没有理由让一百万人生活在火星上。”“伊隆预先假设在火星上拥有一百万人是一件好事，但他从未给出过理由。其他人也没有。”

再说一遍，我可没有水晶球。我不知道最终正确的会是怀疑论者还是乐观主义者？但我把宝押在乐观主义者身上，尽管我怀疑实现这一目标所耗费的时间要比他们所希望的还要漫长。不管怎么样，事情的发展通常都是这个样子。

活在当下

在本章的结尾，我想对一个事实稍做提醒，以防你未从前文论述中回过味来：我们生活在激动人心的时代。享受这一时代。欣赏这一时代。

你看过太空探索技术公司的“猎鹰 9 号”火箭着陆的视频，对吗？火箭将卫星发射到太空，然后直接返回进行垂直着陆？降落在海上的机器人船上？（是的，有时它们会返航降落在坚实的陆地上，不过场面的壮观程度要略逊于前者。）2018 年 2 月，“重型猎鹰”火箭首次发射，将马斯克的一辆红色特斯拉跑车（由一个名为“星侠”（Starman）的人体模型驾驶）送入轨道——跑车在越过火星后还将继续前行？

蓝色起源公司也计划为“新谢泼德”（New Shepard）亚轨道飞行器

连续执行多次火箭着陆测试。而一路搭乘“新谢泼德”的测试假人有一个甚至比“星侠”更酷的名字：假人·天行者。

如今，“新谢泼德”随时都有可能将客户送往亚轨道进行短途旅行，而维珍银河的“太空船二号”也已几乎准备就绪。亚利桑那州一家名为“世界观览”（World View）的公司正在开发一套飞行系统，游客可以搭乘气球顺利穿越平流层。太空探索技术公司和波音公司最早于明年就可以开始运送美国宇航局的宇航员往返国际空间站。

此外，太空探索技术公司和维珍银河都表示，它们的目标是实现“点对点运输”。这意味着，不久以后，人们就有可能在洛杉矶换乘宇宙飞船飞往纽约，并在半小时内抵达。

行星资源公司与另一家公司——深空工业公司（Deep Space Industries）——正在开发可真实用于太空采矿的设备。电子器件的小型化不仅使得制造体积微小、能力强大的廉价卫星成为可能，还为大量的研究和探索开辟了空间。例如，一家名为“行星”的旧金山公司有几十颗眼神锐利的卫星盯着地球，每颗卫星的大小与一条面包相当。

你知道你生活在“地球外制造”时代吗？一家名为“太空制造”（Made In Space）的公司向空间站发射了两台3D打印机，以及一台在轨机器，用于制造价值超高的光纤。如果试运行进展顺利，太空制造公司计划在太空中大批量生产这种高性能纤维，然后将其运回地球出售。会赚很多钱！

当然，能够大规模地做这种事情将是一件了不起的事。如果能利用太空资源在太空中建造宇宙飞船、燃料仓库、太阳帆板、居所和暴走鞋，我们就能切断与地球的联系。

太空制造公司的首席执行官安德鲁·拉什（Andrew Rush）说：“这简直就是去树林里露营和去那儿定居之间的区别。”“区别在于你有没有带工具。”

我还可以举出更多的例子。关键是这些事情如今都正在发生。而且还都是了不起的事情！在经历了几十年的虚假启动和虚假希望之后，私人太空飞行正在逐渐实现，这股新浪潮或许最终能让我们彻底驶向穹顶之外的新天地。

维珍银河公司的首席执行官乔治·怀特塞兹（George Whitesides）说：“我的确认为，我们正在亲身经历太空探索或太空开发的第二个重大时刻。”（他认为，第一个重大时刻是载人航天事业的头十年，从尤里·加加林（Yuri Gagarin）开始一直持续到阿波罗登月任务结束。）“我们仍然处在前期阶段。我认为，此次航天事业的突进可能还要持续100年。”

第13章

我们有能力进行星际旅行吗？

也许你比我更贪婪，而且你不想停留在火星上。你不仅想让人类一路前进到4.2光年外的比邻星b，还要快速到达那里——如果可能的话，少于4.2年。

令人惊讶的是，这是有可能的——至少在理论上是这样。当然，在太空中，没有什么能比光传播得更快；否则会违反爱因斯坦的狭义相对论定律。你肯定知道狭义相对论，因为你见过了它的最著名公式：$E=mc^2$。这个公式告诉我们，质量和能量是可以互相转换的，媒介就是光速（c，即每秒约30万千米）。狭义相对论还告诉我们，物体的质量会随着速度的加快而增加，即使是宇宙中最小的物体，一旦以光速移动，其质量也会变得无限大。这是不可能的，因为将质量加速到无穷大需要无穷大的能量。即使在我们这个难以形容的怪异宇宙中，也不存在无穷的能量。（顺便说一下，光之所以能以光速传播，是因为光子是无质量粒子。）

但是，我们也许能够用欺骗手段做到这一点——操纵时空，用比光速更快的速度前往某处。当然，我这里说的是传说中的“曲速引擎”，你可以从科幻小说中予以详细了解。

1994年，墨西哥物理学家米格尔·阿尔库比耶尔（Miguel Alcubierre）给这一想法提供了一个坚实的数学支柱，星际飞船可以通过收缩前方的时空同时扩张后方的时空来实现曲相推进。（不开玩笑：他在观看《星际迷航》时，灵光一闪，得出了基本思路。）这样做会创造出一种波，飞船就会宛如地球历史中那些最厉害的冲浪者一样，借助波动可以用比光速更快的速度前行。这并不违反任何宇宙法则：我们在第3章中已经讨论过，时空本身的扩张速度会比光速更快，没有什么能拦得住。事实上，物理学家们认为，在大爆炸之后紧接着发生的宇宙暴涨期间，时空的扩张速度就超过了光速。当时的宇宙在极短的时间内以令人难以理解的方式从极小暴涨到极大。

听起来很棒，是吧？但是，这一理论还存在若干严重的问题。首先，要想创造出那个令人毛骨悚然的时空波，需要很多很多的负能量：一种超级怪异的物质，而不是那种你被迫从嫉妒小气的“朋友”那里获得的东西。注意，这种离奇的物质似乎确实存在。研究人员在实验室中已经发现，量子效应会创造出具有负能量密度的区域。具体来说，如果已把两块金属板尽可能贴近彼此，它们依然会向对方移动一段微不可察的距离。这一现象被称为“卡西米尔效应”（Casimir effect），源于如下事实：

两块金属板之间的虚粒子要少于金属板之外的区域，导致粒子所产生的推力最后向内移动。（量子世界极为怪异。不要太努力地去理解它；会把大脑想破的。）

该现象是否会超越新奇惊叹阶段更进一步呢？谁知道呢？阿尔库比耶尔说："我们不知道能否驾驭它。"

如果最后发现暗能量——推动宇宙加速膨胀的神秘物质——是某种可以被操纵的场，会对曲速引擎工程师很有帮助。但是对此，我们并不确定。事实上，阿尔库比耶尔说，用最简单的方式来解释，暗能量是一种始终存在于背景之中的恒定能量，就像在电影婚礼场景中，总是有临时演员存在一样。（事实上，暗能量可能就是爱因斯坦著名的"宇宙常数"。这位伟大的物理学家在1917年提出了这个设想，以帮助解释当时的主流观点：宇宙是静态的。当人们明确发现宇宙实际上始终是在膨胀时，爱因斯坦宣布宇宙常数是他最大的失误。不过，他可能已经参透了其中的奥秘。）

但是，曲速引擎还存在一个更大的问题：视距问题。星际飞船会位于某种气泡的内部，所处时空的移动速度要比周围的光速还要快。由此，飞船将完全与其前面的区域隔绝，这意味着星舰或舰长将无法触发负能量——或点燃，或激发，或起爆，对于这个古怪的东西，不知道该用哪个动词才算合适。因此，一艘正在实施时空扭曲的星际飞船必须要沿着另一艘飞船在前面布置的负能量“面包屑”[①] 导航痕迹前进。可这样做的话，又会破坏超快旅行的目的。

阿尔库比耶尔在谈论曲速引擎时说道：“我的直觉告诉我，即使有可能，也会极为不切实际，在很长一段时间内都不可能实现。”“我会把更大的期望放在虫洞上。”

啊，虫洞！科幻小说的另一个主要内容，也是另一种欺骗方式。虫洞是宇宙中的捷径，将太空中的两个不同地点用隧道贯通起来。想象一下，把一张纸折叠起来，然后用铅笔在上面戳一个洞。很显然，比起沿着纸张的表面一路跋涉，蚂蚁弯腰钻洞要快得多。

但是，虫洞也有一些严重的问题。首先，没有人知道它们是否真实存在。未来的虫洞建造者 / 操纵者必须克服一个问题：负能量。同样的问题也会困扰着未来可能存在的曲速引擎工程师。若想虫洞保持张开状态，并持续任意一段合理的时间，需要注入负能量；否则，它就会像卡通巨蛤一样，把星际飞船的船员们猛地关到里面。

所以，我不会指望很快就能实现借助虫洞长途跋涉至比邻星 b。事实上，对于这些涉及时空操纵的古怪想法，阿尔库比耶尔是有条件认可的：他说：“我们也同样不知道如何在太空中打个洞。”

无需超越光速也可以实现星际旅行；我们的行进速度可以达到非常、非常快的程度。在不远的将来，后者也更容易实现。阿尔库比耶尔以核

① 译注：面包屑的典故出自《格林童话·汉赛尔与格莱特》，有一对兄妹俩被遗弃了两次，哥哥汉赛尔在第二次被遗弃时用面包屑做记号，却被鸟儿啄食干净，导致二人在森林里迷路。

聚变火箭为例，认为它们极有可能将星际飞船的速度加速到光速的10%或20%。这将使得比邻星b之行变得相当易于管理——只需要40到80年即可到达，而不是传统化学推进技术所需要的75000年。目前，我们还没有建造出核聚变火箭。事实上，我们甚至还没有建造出用于发电的核聚变反应堆，尽管几十年来我们一直没有停止努力过。（现今的核电站仍然在使用核裂变技术而不是核聚变。）不过，我们已经制造出了核聚变炸弹，这也是一件了不得的成就。

核动力推进的宇宙飞船并不是一个新颖的想法。例如，在20世纪50年代，美国国防高级研究计划局（Defense Advanced Research Projects Agency，DARPA）开始启动"猎户座计划"（Project Orion），一个似乎符合冷战高烧梦呓的计划。该计划主张直接在航天器的后方引爆一连串的原子弹，仅需两周的时间就能将宇航员送入火星。20世纪60年代中期，《部分禁止核试验条约》（Partial Test Ban Treaty）将在太空中引爆实验性核武器定为非法行为，此后不久，DARPA便放弃了"猎户座计划"。但这个想法并没有就此消失。

1968年，曾参与过"猎户座计划"的弗里曼·戴森（Freeman Dyson）发表了一篇论文，在文中提出该计划的强化版本可用于星际飞行。在接下来的几十年里，科学家们不断发展核动力推进星际飞船的学说，并分别在20世纪70年代的"代达罗斯计划"（Project Daedalus）和80年代后期的"荣霞计划"（Project Longshot）中研究过这样的飞船，但是没有一艘真正被落实。

然而，这并不意味着核装备从未以任何形式出现在太空中。事实上，许多深空机器人探测器，包括美国宇航局的火星漫游车“好奇号”以及“新地平线号”（New Horizons）冥王星探测器，都使用了放射性同位素热电发电机为科学仪器供电。这些发电机利用钚的放射性衰变所释放的热量来发电。

你也许在想反物质吧？正该如此！反物质是一种奇妙的物质——超级罕见，与我们所熟悉的正常物质呈对立相反状态。例如，正常质子的电荷为正，而反质子的电荷为负电荷。物质和反物质在相遇时会互相抵消湮灭，能量转化率为100%。也就是说，物质被一丝不留地转换成能量（具体来说，伽马辐射）。这是一个惊人的事实，所以我们要好好地聊聊这个话题。先说一个背景知识，对于太阳核心的核聚变反应，每个人都会不由自主地发出“喔”或“啊”的惊叹声，但是它的能量转化效率只有0.7%。

这样你就明白了为什么人们对“物质－反物质”反应感到如此兴奋了（同时也就明白了为什么《星际迷航》的创作者将“物质－反物质”反应当做联邦星舰“企业号”曲速引擎的动力源了）。但是，“物质－反物质”反应同样也存在一些重大问题。自然界中几乎没有反物质，即使出现了一丁点，也会迅速湮灭，它们总是与存量远比其丰富的正常物质相碰撞，然后爆炸。因此，为了执行星际任务，必须专门制造这种物质。物理学家们利用地球上的粒子加速器制造出了反物质，但只够给老鼠塞鼻子用；要想制造出足以驱动宇宙飞船所需的反物质，可能需要花费数千亿美元，甚至更多。除此之外，还需要建造一个极为复杂的储存罐，因为即使是一星点反物质碰到普通容器的侧面，整艘船就会轰然爆炸。

利用机器人

星际殖民任务的动力推进问题还没有得到解决。我们还需要扫清其他障碍——例如，在为期经年的深空旅行中，如何保障人们的维生需求、身体健康和相对幸福（至少不能让人因心生不满而起杀心）。

科学家和工程师们正在努力解决生命维持和物资保障问题，并在国际空间站或地球上的实验室中开展各种测试。但是，要取得能通过全面审查的解决方案还有很长的路要走。

美国宇航局“突破性推进力物理学计划”（Breakthrough Propulsion Physics Project）前负责人马克·米利斯（Marc Millis）说：“至于殖民飞船的前景，无论是仅做轨道运行的飞船，还是用于航行的飞船——粗略的猜测，我们也许要等上半个世纪才有可能实现。”米利斯同时还是非营利性组织“陶零基金会”（Tau Zero Foundation）的创始人，该基金会致力于研究如何实现星际太空飞行。

（为了满足你的好奇心，顺便提一下：全面假死——人们对殖民飞船企盼已久的一个功能，我们可以从《异形》（*Aliens*）和《太空旅客》（*Passengers*）等电影中看到——如今仍然是一个科幻梦想。但是，在不远的将来，让宇航员暂时性陷入一种类似于冬眠的休眠状态会变得非常流行。航天工程企业（Spaceworks Enterprises）的约翰·布拉德福德（John Bradford）说，到21世纪30年代末，通过降低体温，有望实现让太空旅行者单次休眠几个星期的时间。他领导的一个小组已经获得了美国宇航局的几轮资助来研究这一策略。布拉德福德说，周期性地进入休眠状态能带来很多好处，如减轻船员的心理负担，以及大大减少沿途所需的维生物资数量。他补充说，载人星际飞行任务仍需要取得动力推进方面的突破，但“借助上述技术，太阳系内的旅行却可以摆到桌面上讨论了。”）

那么，派机器人去执行星际飞行任务会容易得多。我们可能很快就能实现这一点。

耗资1亿美元的“突破摄星”计划——由尤里·米尔纳资助的另一个雄心勃勃的项目——正在开发一种“定向能量”（directed energy）系统，利用强大的地基激光发射器将装有光帆的微型航天器加速至光速的20%左右。这些航天器真的非常小：探测器的本体大约与一张邮票的大小相仿，两边的光帆展开后各约13英尺长。就像远洋船帆驾驭海风一样，光帆利用光子施加于其上的压力推动航天器前进。（是的，尽管质量比已经放弃信仰的天主教徒要小，光子仍然能创造推进力。）

帆船式太空航行背后的基本理念始于 1964 年，并一直延续至今。在那一年，科幻领域的传奇作家亚瑟·克拉克（Arthur C.Clarke）在一篇短篇小说中提出了这一基本思想。但技术可不仅仅是异想天开：自 2010 年日本的“伊卡洛斯号”（Ikaros）探测器开始，已有多艘航天器利用太阳光的压力推动自身前进（尽管速度相对缓慢）。

“突破摄星”团队计划在未来 30 年内向比邻星 b 发射第一批探测器。而其长期目标则是将成千上万个此类纳米飞行器送到附近的各个行星系统，以寻找生命迹象、拍照以及开展其他炫酷的星际探索工作。

这一计划要想取得成功面临诸多困难和挑战，其中包括：在飞向深空的全程中，必须确保帆板足够稳定以捕捉激光，获得推动力；在微型探测器上安装一个足够强大的发射器，将收集到的所有数据传回地球。不过，这些都是可能实现的，而且还是在合理的时间范围内实现。大约 50 年后，我们或许就能看到比邻星 b 的近景照片，芝加哥小熊队赢得了下一个世界系列大赛冠军的时间可能大约也在这一时候。酷毙了！

太酷了，我还要再说一遍：星际探索！（从技术上讲，我们已经勾选了该选项。2012 年 8 月，美国宇航局的“旅行者 1 号”探测器挣脱束缚进入星际空间，其孪生兄弟“旅行者 2 号”也将很快尾随而去。但是这两个于 1977 年发射的探测器需要数万年的时间才能到达另一个恒星系统。

你是不是在翻白眼？好吧，请记住，我们进入太空时代才刚满 60 年。如果我们确实设法避免弄死自己，我们探索太空的未来会像天狼星一样光明。

理查德·奥布西(Richard Obousy)说:“纵观历史，人们一直在说，‘比空气重的东西不可能飞起来’‘我们永远无法进入太空’‘我们永远无法把人类送上月球’之类的话。”奥布西是非盈利组织“伊卡洛斯星际”（Icarus Interstellar）的负责人，该组织致力于在2100年以前实现星际飞行。“不过，后来我们取得了一些没有人预料到的重大突破，突然间，原本人们认为不可能的事情变成平淡无奇的事实。”

我们想要什么?

我们应该后退一步，说清楚自己希望通过奔往异域的深空跋涉究竟实现什么目的，因为策略应该为目标服务。

例如，如果主要驱动因素是以下三个：其一，希望在另一个世界上留下人类印记；其二，与生俱来的心理需求——登上另一座山看风景；其三，痛斥那些在上高中时认为我们终将一事无成的人，那么我们也许应该将大量的现金投入到核聚变研究上。但是，如果主要目标是科学好奇心，那么像“突破摄星”计划中的微型机器人探测器那样的宇宙水手能为我们带来最优厚的回报。

如果主要目标仅仅是为了生存、逃离混蛋不忠的太阳，那么我们应该投入更多的资源研究维生技术。如果我们能够建造出巨大的殖民舰船，内部配备有种满萝卜的温室、篮球场以及舒适的太空厕所，那么根本不需要殖民一个仅供我们四处闲逛的星球。我们只需生活在自由的太空里即可，像深海中的琵琶鱼一样永远地在黑暗的虚空中漂流。

最后一个基础性规划是由米利斯提出的，他强调说，由于星际飞行的目标设定具有不确定性，以及为目标服务的各项技术存在可行性问题，因此我们此刻不应当试图“挑选出优胜者”。例如，我们不要把每一分钱都投入到研发核聚变火箭或激光风帆上；而是继续研究所有有前景的技术，看看最终能取得什么成果。

米利斯还提出了另一个问题，一个相当令人沮丧的问题。

他说：“不幸的是，星际飞行面临的最大挑战不是来自技术，而是来自社会成熟度。”“从能级上看，即使是像“突破摄星”之类的小型项目，它们所具备的能级之高，甚至可以摧毁全体人类。我的意思是，如果这种东西被武器化，那就太糟糕了。”

我们什么时候才能妥善处理好那些能将我们送入星空的技术呢？我跟你一样拿不准。我并不特别乐观。毕竟，我们尚未将化石燃料技术发展至巅峰水平。与星际飞行技术相比，化石燃料技术只能算是婴儿学步。

说到生存：等到我们认真做好离开太阳系的准备之时，我们当下的观念可能会显得毫无意义，而且异常古怪。例如，彼时，我们可能业已越过奇点，并在到达奇点之前与人工智能合体。这将大大加快我们的技术发展，并且宇宙飞船也不再需要太空厕所和篮球场了。我们也不会再真正关心飞船能飞得有多快了，因为我们在那个时候已经实现实质性的永生了（只要能够获得能源和原材料，就能修复和复制构成我们身体的各种机器）。

但是，假如我们还希望保留原装肉身，可又搞不定推进技术或维生技术，而且太空厕所还经常堵塞，那又该怎么办？我们仍然有选择。例如，我们可以改造细菌来携带我们的DNA，然后将其发射到星空当中。将基因的“文库”重新组合，然后制造出正常人类，现在看起来似乎既疯狂又不可能，但再过一万年，也许就能轻而易举地实现。经过基因工程改造过的细菌若飘落到某个适宜愉快生存的星球上，它们也许就会自行完成这项工作。也许我们还必须发射一台机器伴随它们一起旅行。也许我们会指望与奈德·佛兰德斯[2]一样友好的外星人为我们做这件事。谁知道呢？

这种对遥远未来的预测是徒劳无功的；即使是最有才华的远见卓识者，一旦看得过远，也会错得极为离谱。例如，儒勒·凡尔纳（Jules Verne）就没有预见到火箭的威力和效用；在其出版于1865年的小说《从地球到月球》（*From Earth to the Moon*）中，他笔下的月球探险家们是被一门巨大的大炮发射到月球之上的。

如果你彻夜不眠，担心人类即将从宇宙图景中消失，那么我们现在真的可以做点什么来缓解你的紧张情绪：在无线电波中编码我们所有的DNA信息，并将其传送到太空中，不要去理会这么做会如何激怒那些担心恶意外星人的家伙。

鲁弗肯说：“如果将人类的基因组序列发送入宇宙，人类真的会灭绝吗？”“如果有人弄明白了如何重新编制人类细胞，那么他们就能重新把我们合成出来。如果出现这种情况，人类真的灭绝了吗？”

---

② 奈德·佛兰德斯（Ned Flanders）是美国动画电视连续剧《辛普森一家》（*The Simpsons*）中的一个配角，既是一名虔诚的基督徒，又是剧中待人最友好、最富有同情心的人物之一。

第14章

会诞生太空人种么?

去火星会改变我们——其方式不仅仅在于感性、形而上学方面。

莱斯大学生物学家斯科特·所罗门(Scott Solomon)在2016年出版的《未来人类:人类持续进化过程背后的科学故事》(*Future Humans: Inside the Science of Our Continuing Evolution*)一书中探讨了这种可能性。他说,随着时间的推移,可以预见火星定居者和地球人口会分别走向相当不同的进化道路。由于受所谓的"奠基者效应"[1]的影响,进化分歧从一开始就会被确定下来。无论火星殖民如何以及何时发生,在红色星球上定居的只会是一个人数相对较少的群体,他们不能完全代表整个人类。

---

① 译注:奠基者效应(founder effect)指的是如下情形:一个族群最初只由少数个体由他处播迁至某地而建立,经一段时间之繁衍,虽个体数增加,但整个族群遗传多样性却未有提高。

例如，可以相当肯定的是，火星拓殖者们将会异常富有冒险精神，并对风险拥有非比寻常的耐受力，所以马斯克顿[②]（红色行星上的第一个城镇有很大可能会以SpaceX首席执行官的名字来命名）可能会显露出如下特色：人均拥有的攀岩健身房以及妓院数量会高于地球上的城市。

自打一开始，两者之间的差异就会如滚雪球般越变越大，因为火星和地球是两个截然不同的世界。由于红色行星要小得多，因此它的地表引力只有地球引力的38%。火星缺少全球性磁场、厚厚的大气层（尽管可以通过环境改造进行一定程度的补救），以及保护性臭氧层，因此它所承受到的太空辐射要比地球多得多，其中包括紫外线、来自太阳的带电粒子，以及来自太阳系之外、能量超高的高速宇宙射线。

所罗门说，这些具有破坏性的辐射可能会拉高火星定居者的DNA突变率。DNA突变又会增大遗传变异性，因此红色星球上的进化速度可能会快于地球上的进化速度。我们会在火星上看到什么样的遗传变化呢？首先，自然选择可能会改变火星定居者的肤色，以应对严重的辐射负荷。（即使居住在经过改造的洞穴或熔岩管中（似乎有可能），拓殖者们仍需要在地表上停留一些时间，比如说照料庄稼或参加春分辣椒烹饪比赛。）正如我们在地球上的一些人身上所看到的那样，重度辐射会增加黑色素的生成，从而会导致皮肤变黑。但所罗门说，其他色素也有可能会发挥作用，其中就包括类胡萝卜素。胡萝卜（并非紫色的手工小玩意儿）的

② 译注：马斯克顿的英文名称为“Muskton”，是作者依据太空探索技术公司CEO伊隆·马斯克的姓氏（Musk）生造出来的。

颜色就是源于类胡萝卜素。

所罗门说，火星定居者最终也有可能像他们的祖先一样拥有更为粗大的骨头。这是因为：以低地球轨道上的宇航员为对象的研究表明，在低重力条件下，骨骼的密度会下降，也会变得更脆。因此，拥有异常粗壮骨架的红色星球拓殖者们可能会在火星篮球比赛（Marsketball）中表现得异常出色，连续不断地狂猛灌篮，而与此同时他们的对手却紧紧抱着折断的股骨，一边呻吟，一边在泥土上打滚。顺便说一下，火星篮球赛会非常精彩。如果把篮框放置在标准的10英尺（约3米）以外的地方，那么除了弹跳力最差劲的人以外，所有人都可以做到扣篮，因为在火星上起跳，能跳起的高度可达地球上的2.5倍左右。

火星殖民者们也有可能不会受到瘟疫的困扰。据所罗门所言③，去往红色星球的长途航行相当于一次隔离检疫，从而使得令人讨厌的病菌无法在火星定居点站稳脚跟。马斯克顿不必担心埃博拉病毒或西尼罗河病毒会从火星的荒野中冒出来，因为火星的荒野中似乎没有病毒和细菌的存在，而且那些能孵育或传播它们的生物，如黑猩猩、鸟类、蚊子和蝙蝠等，更不存在于火星之上。因此，如果定居者们把哺乳动物朋友们（包括我们喜欢食用的那些动物，以及那些我们喜欢揉弄其肚子、弄乱其耳朵毛发的动物）留在家里，可以想见，传染病将会被驱逐到他们记忆之中的遗忘之洞。（拓殖者们可能会吃素，或吃虫子，而不是吃牛和猪。

③ 人体微生物群落（体内和体表的所有微生物）也可能会遭受重大损失，因为这些小家伙中的绝大部分是我们从地球环境中获得的。健康的微生物群落是身体健康的关键，因此这种发展事态会对火星定居者极为不利。

在进化上，昆虫与人类大不相同，因此不太可能会将病原体传染给我们。）定居者的免疫系统可能会像被剪断的脐带一样不断萎缩，最终退化成遗传残留物。白细胞会沦为尾骨一样的存在。

所罗门说："如果发生这种情况，一旦某种疾病以某种方式被引入火星，那将会带来毁灭性的后果。""这将造成地球和火星之间的任何接触都会变得极其危险。到那时，人们可能需要采取相应措施，从根本上掐灭任何接触的机会。即使有货物来回运送，即使有人从地球前往火星，但两者之间也许永远不会彼此接触。"

会诞生太空人种么？—219

这种情景将会导致基因在地球人类和火星人类之间停止流通，而且"物种形成"④会紧随其后发生。有多快？

所罗门说："我不愿对其进行数字量化，因为这仍然是一个猜测出来的场景。""这一过程可能至少会持续几百到几千代人的时间。"

这种假定的后果似乎与我们在地球上的经验不相一致。在地球上，一小群拓殖者不断开拓新土地，但却不会演化成人类新物种。例如，美洲原住民和澳大利亚原住民仍然属于智人，尽管他们在新发现的大陆上以相对隔离的状态分别生活了约15000年和50000年之久。但是，我们只能将比较进行至以下程度：北美和澳大利亚仍然是我们所熟悉的老地

④ 译注：物种形成（speciation）指的是新物种从旧物种中分化出来的过程，即从一个种内产生出另一个新种的过程，包括三个环节：突变以及基因重组为进化提供原料，自然选择是进化的主导因素，隔离是物种形成的必要条件。

球的一部分，所以那些远古探险家们所生存的环境并不像火星那样严酷、怪异，因此前者施加到原住民身上的趋异演化压力远不如火星定居者所承受的那么强大。

所罗门警告说，没有人能够预测未来进化会如何演变。事实上，对于我们与马斯克顿未来居民之间的关系，有些人持有不同的看法。例如，火星协会主席罗伯特·祖布林认为，定居者们将会发展出一种或多种独特的火星文化，但不会变异成为一个新的物种，因为他们与地球太过于接近，有着太多的接触。然而，他的确认为，星际定居者会发生进化变异——部分原因是他们与地球人类之间将不可避免地出现文化差异。

祖布林说："大体上说，我们将会获得控制自身进化的能力，借助基因工程来改造和影响我们的后代。""如果我们在新的恒星系统中站稳了脚跟，那么在某些地方，人们可能会说：'这是个好主意，就这么干吧。'而在另一些地方，人们又会说：'哦，这是不道德的行为。我们不应当这样做。'因此，无论他们是做还是不做，都会引起分歧。"

他说，这种分歧可能会导致一批类人物种的诞生（类似于《星际迷航》中的人形生物），彼此之间大同小异，只在一些无关紧要的地方存在差异，比如皮肤的颜色和鳞片的覆盖率，或者额头上隆起的皱褶的数量和大小。你懂的，深空前哨基地由于远离主流原生文化以及它的同质化机制，所以什么样的长相在那儿都有可能变得时髦起来。希望时髦的紧身牛仔裤不会在GJ 273b上流行起来。

当然，殖民者与地球祖先之间基因混合的缺失将会对人类物种在星际间的扩散产生更大影响——如果周围还有任何基因可以混合的话。在我们离开地球进入星际空间之前，我们也许已经升级到了半人半机器的形态 / 意识脱离肉体的升华形态。

第15章

时间旅行可能吗？

我们所有人都幻想着回到 20 世纪 70 年代中期的慕尼黑，找到卢·贝加[1]幼年时居住的房子，用足球和一套套化学仪器替换掉里面的所有乐器，从而重塑出一个田园诗般的未来——不必再受《曼博 5 号》那让人头晕目眩的开头部分音乐的折磨。不过，这可能吗？

或许。有那么一丝可能。也许？

我来试着解释一下。我们需要从爱因斯坦于 1915 年提出的广义相对论谈起。这是一个优美的理论，其描述重力的方式非常浅显易懂，甚至可换用保龄球和蹦床来解释。让我们把时空想象成一块柔韧的床单（类

---

① 译注：卢·贝加（Lou Bega）是德国乌干达裔拉丁曼波歌手，凭借首支单曲《曼博 5 号》（*Mambo No. 5*）一鸣惊人。

似于蹦床的东西），把行星和恒星之类的大质量天体都想象成保龄球。把一个保龄球放到蹦床上（就像人们在最地道的派对上所干的那样），蹦床就会下垂。假如再把一个玻璃弹子滚到蹦床上，弹子就会螺旋式地滚向保龄球。这就是重力。在 1998 年出版的《约翰 · 惠勒自传：京子、黑洞和量子泡沫》（*Geons, Black Holes, and Quantum Foam: A Life in Physics*）[②] 一书中，理论物理学家约翰 · 惠勒（John Wheeler）介绍了广义相对论的基础原理（远胜过我的文字功力）："时空规定了物质如何移动；而物质规定了时空如何弯曲。"

正如你预想的一样，广义相对论比我刚刚透露的内容要更复杂一些：它由许多方程共同组成。求解这些方程的方法也有许多，不同的解法得出许多不同类型的时空几何，其中一些会产生非常怪异且有趣的结果。

例如，1949 年，奥地利裔美国数学家库尔特 · 哥德尔（Kurt Gü del）发现了一种求解爱因斯坦方程的解法，其中包含了"封闭类时曲线"（closed timelike curves）——总的说来，宇宙环允许时光倒流。（请记住，广义相对论认为，时空可以被弯曲或扭曲。过去我们认为特定的宇宙环只有在我们的宇宙旋转时才能存在，而我们现在已经知道宇宙并没有在旋转。

1974 年，美国物理学家弗兰克 · 蒂普勒（Frank Tipler）经过计算发现，一个于几十年前设想出来的广义相对论解法也表明时间旅行是可行的——前提是在所讨论的时空之中，建造一个无限长的圆柱体，并令其

② 译注：该书的简体中文译本已由湖南科学技术出版社于 2018 年出版。

旋转，如果有人环绕这个圆柱体作高速运动，它会暂时性地将此人拖拽入过去的时光。不幸的是，即使最灵敏的望远镜也没有找到任何迹象表明宇宙中存在一个长度无限大、正在旋转或作其他运动的圆柱体。还应指出一点：建造这样一个圆柱体非常具有挑战性。

但是我们可以略微降低一下要求，只借助虫洞。[③]狭义相对论告诉我们，在太空中移动的速度越快，时间就会变慢，当移动速度接近光速时，时间膨胀效应（time dilation effect）就会变得极其显著。例如，假设你前往 TRAPPIST-1 星系进行观光旅行，乘坐的星际飞船的速度达到光速的 99.9%。在地球上那些去不了的可怜人看来，你往返一趟大约花了 80 年的时间。但对你来说，只过去了大约 3.6 年的时间。你会带着很多超赞的照片以及被异域红矮星晒成棕褐色的一身皮肤返回地球，而我们那时都已死了。

这和虫洞又有什么关系？嗯，从理论上讲，你可以把时间差印刻在虫洞的两端开口处，只要使得其中一端洞口在周围打转片刻即可做到这一点。然后，勇敢的旅行者就可以沿着其中一个方向快速穿过虫洞，跳入未来，也可以走另一条路，回到过去。

这种时间机器有一个坏处——我知道，“第一世界的问题”[④]——它

③ 尽管速度超过光速也可以实现时间旅行，但是我仍将其排除在外，因为它不被狭义相对论允许（至少对于像你和我这样的大质量物体不被允许）。

④ 所谓“第一世界的问题（first-world problems）”，指的居住在第一世界国家的、生活舒适、颇有闲钱的人们才会遇到的微不足道的挫折或琐碎的烦心事，和发展中国家（第三世界）所面临的饥荒、缺水、环境污染问题相比，实在不值一提。

永远不能把你送回到发明该机器之前的任何时间节点。所以，如果你第一次打开某个虫洞的时间是1986年，那么你极有可能会错过《洛奇4》[5]的首映一年之久。顺便说一下，有些人以时间旅行者从未现身为证据，指出回到过去的时间旅行是不可能的。这里给出一个反驳：他们无法来到我们的时代，也许是因为我们至今还没有发明出一台时间机器。（当然，还存在其他可能的答案。比如说，也许时间旅行者就在这里，只不过我们不知道而已。或者，我们未来的自己也许足够明智，不会去做一些疯狂的事情，如乱搞我们的时间线。）

我想是时候谈谈“祖父悖论”（grandfather paradox）了。所有探讨时间旅行的议论必然会讨论这个悖论，所以你以前可能已经听说过：你回到过去，在你的祖父用安德鲁斯姐妹[6]的演唱会门票勾引你的祖母之前，杀死他。这怎么可能？ 谋杀了祖父，哪来你的存在？

这些矛盾可能会割裂因果关系，使我们的宇宙从本质上变得荒谬起来。因此，许多科学家认为时间旅行仅仅是一种奇思妙想——在爱因斯坦的方程式中具有数学意义上的可能性，但与我们在现实世界中的存在无关。下面的观点不仅仅逻辑严密还精辟透彻：俄亥俄州立大学的天体物理学家保罗·萨特（Paul Sutter）说：“至于广义相对论所能提供的所

---

⑤《洛奇4》（*Rocky* Ⅳ）是西尔维斯特·史泰龙自编自导并担任主演的《洛奇》系列电影中的第四部，1985年上映。

⑥ 译注：安德鲁斯姐妹（Andrews Sisters）是美国电影、广播歌唱三人小组，由拉·维恩（La Verne）、马克辛（Maxene）、帕特里夏（Patricia）组成。在20世纪三四十年代，她们是收音机和自动唱片机中的皇后。

有案例，其他物理学知识都可以接手过去，并证明这些范例无法发生。”

斯蒂芬·霍金甚至提出了一个“时序保护猜想”（chronology protection conjecture）。大体上说，该猜想假定，除了在最小的空间尺度内，否则物理定律将合谋阻止时间旅行的发生。例如，奇怪的量子效应可能会在你使用虫洞之前，便将其摧毁。

物理学家米格尔·阿尔库比耶尔说：“我认为，现今大多数的物理学家都会告诉你，回到过去的旅行是不可能做到的——这不合常理。”

大多数，但不是全部。例如，有些人提出了两种摆脱时间旅行悖论的可能方法。第一种是艾伦·埃弗莱特（Allen Everett）和托马斯·罗曼（Thomas Roman）在2011年出版的《时间旅行与曲速引擎》（*Time Travel and Warp Drives*）一书中阐述的“香蕉皮”假说：每当你去用刀刺你熟睡祖父的脖子时，你要么会踩到香蕉皮滑倒，要么会被一只浣熊或其他动物咬到。总之，你就是做不到；总有意外事件会阻扰此一极端反常行为的发生。第二种方法援引了本书第3章中所谈到的多重世界解释：你确实可以回到过去杀死自己的祖父，只不过是在另一个时间线中做到的（只要你把另一时空中的“你”当成本时空中的你就可以了）。

总之，这个领域仍然相当开放，要想获得某些问题的最终答案可能需要将引力效应与宏观或超微尺度结合起来才行——例如，“时序保护猜想”是否正确，以及是否真的可以将正在旋转的黑洞当作时间机器使用（一些物理学家提出这一设想）。萨特说：“我们确实需要量子引力理论”。回返过去的时光之旅的确充满魅力。如果可能的话，你可以回到过去用棍棒敲打恐龙，或者与尤利乌斯·凯撒（Julius Caesar）玩常识问答游戏并大获全胜。

但如果我告诉你，你不仅可以通过时间旅行去往未来，而且此刻你正在去往未来的旅途上呢？关键是你此刻的确如此！你正以一秒接着一秒的恒定速度无趣地奔向未来。

好吧，这是一个既拙劣且毫无说服力的把戏。 但是，由于时间膨胀效应，去往未来的时间旅行在当下的确是事实。宇航员们一直体验着此种旅行，尽管其尺度非常微小。

以美国宇航局宇航员斯科特·凯利（Scott Kelly）和俄罗斯航天员米哈伊尔·科尔尼延科（Mikhail Kornienko）为例。为了帮助研究人员更多地了解长期太空飞行对人生理和心理的影响，以便更好地规划远途载人航天飞行（如去往火星），两人于 2015 年 3 月至 2016 年 3 月期间一直留在国际空间站。在那段时间里，两名太空飞人以每小时 17500 英里（约 28163 千米）的速度绕地球飞行，每隔 90 分钟左右就能看到一次日出。

注意，斯科特·凯利有一个同卵孪生兄弟——马克（美国宇航局的一名前宇航员）；事实上，这也是斯科特被选中参与这个任务（为期 340 天）的原因之一。在斯科特驻留太空期间，马克作为参照对象留在地球上，以便测量太空飞行对其兄弟造成的任何变化。 由于斯科特在很长一段时间内始终保持高速移动，因此他的衰老速度要比马克慢一点，至少以地球标准来说是这样。在任务开始之前，马克比斯科特大 6 分钟，等到任务结束时，双胞胎中的哥哥又比弟弟多年长了 5 毫秒。

时间膨胀也会发生在强引力场中——在 2014 年的电影《星际穿越》中，一队星际殖民侦察小组在一个超大质量黑洞附近调查一颗具有宜居潜力的行星时，就经历了时间膨胀效应。（根据电影所示，这队探险家在那个奇异世界内每过一个小时，地球就过去了7年。）因此，如果斯科特·凯利想变得远比哥哥更年轻，他可以游说宇航局，在下一个探测黑洞的载人航天任务中给他留个位置，或者至少允许他去往木星的云层顶端附近长时间驻留。

第16章

我们会有什么样的结局？

我想用一个轻松、愉快的话题来结束本书：简要谈谈我们即将迎来的末日。因为我们确实注定会灭亡。宇宙中的每个人和每一个事物最终都会消亡。且让我们看看宇宙万物是如何灭亡的吧！

还记得第6章中有关金星命运的内容么：数十亿年前，越来越明亮和强大的太阳把金星从马尔代夫般的度假胜地变成灼热的地狱之境？好吧，这种遭遇也会降临到地球身上。太阳仍在持续变亮，大约10亿年后，太阳将会变得异常炽烈，足以将我们的海洋煮沸腾。紧接着，失控的温室效应将释放威力，地球将会干涸，温度会升高到足以熔化镉的程度。虽然人、狗、蜥蜴和海豚无法挺过这段艰难的时光，但一些微生物也许可以——或升到空中生存（有些人认为这一可能性或许已经发生在金星之上），或撤退到地下深处。

但是，与我们的恒星进入衰老期后的危险表现相比，中年太阳发泄的这一通怒火真是微不足道。大约 50 亿年后，太阳将耗尽氢燃料，之后将化身为一个可怕、臃肿的怪物，被称为红巨星[①]。曾经喜气洋洋、遍身金黄的老伙计将会像满腹血液的虱子一样膨胀起来，体积将涨大到目前的 250 倍——巨大的身躯将会吞没并焚化水星和金星，也许还包括地球。（孩子们，当你们画红巨星时，不要给它画一张笑脸。）即使我们的星球勉强躲过了被完全毁灭的厄运，它也会变得像在篝火上烤的棉花糖一样，被烧得焦煳。对地球上的生命来说，这必将是它们的灭顶之灾。

但人类却不一定。我们可以像一只逃离野火的蝗虫一样向外逃亡，从地球出发依次跳跃到火星、木卫二、土卫二、冥王星，因为太阳绿巨人式的变身会使得这些星球变得温暖起来，足以支持像我们这样的脆弱肉身。（我知道，到那时，我们可能已经完成了自我升华，将肉身虚拟化或数字化。不过将肉乎乎、毛茸茸的肉体放进这个场景更能产生代入感。所以我们还是继续采用后者吧。）接下来，我们可以继续前进，穿越漫漫星际空间，抵达其他恒星系统，沿途花费数十亿甚至数万亿年的时间观看收费电视节目。

---

① 顺便说一下，到了那个时候，地球的夜空看起来将会与今天大不相同。大约 40 亿年后，我们的银河系将与邻近的仙女座巨大旋涡星系合并，混杂形成一个被天文学家称为“Milkdromeda”的庞大星系，之所以取这个名字大概是因为“AndroWay”这个名字听起来太像健美滋补品了。译注：“Milkdromeda”和“AndroWay”这两个名称都是从“银河系”（Milky Way）和“仙女座星系”（Andromeda）的英文名称中各取一半合成的，只不过组合方式不同而已。在这次碰撞中，我们的太阳系可能不会受到重大且直接的影响；由于在这两个星系的内部，恒星之间的空间距离都非常遥远，因此到时只有极少数的恒星会相互影响。

没错：万亿年。如果你还能回忆起第6章的内容，就会想起来红矮星——银河系中最常见的恒星——持续发光的时间会有多长。（恒星的寿命是它们初始质量的一个函数。比太阳大得多的巨型恒星能在短短几百万年内就燃烧光了所有的燃料，最后死于壮观的超新星爆炸。）

当红矮星终于烧光所有燃料后，它们的残骸就会变成密度超大的白矮星——我们的太阳一旦把行星们都烧成了木炭球，就会迎来同样的命运。密度有多大才算超大密度？嗯，死亡太阳的质量大约相当于初始质量的50%，体积却与地球相当，这意味着该星球上一茶匙的物质就会重达5吨以上。如果你能想办法把这些物质运到地球上，并找到一个愿意帮忙的动物园，借用它给大象称重的秤，把它们称一称，就会发现我所言非虚。（用勺子把这点物质舀起来也是一个挑战：白矮星的表面引力比地球引力强10万倍以上，所以你需要借助一把勺柄很长的勺子才能避免自己被它的引力压扁。）

白矮星是宇宙中的幽灵：发光的死物。它们会把积聚的惊人热量慢慢地辐射出去，因此在随后的几万亿年内，我们（以及与我们共享宇宙的外星人）也许能够到它们旁边暖暖手。然而，即使是这些最后的光源也会逐渐黯淡下去直至熄灭。数千万亿年后，宇宙将会一片黑暗。

这可能便是我们（无论那时我们已成为什么样的存在）的结局。也许还不是，因为那时黑洞仍然存在。理论上，我们可以在这些怪物的附近开店，利用它们巨大的引力为太空搅拌机和磨石机提供动力。这一业务可以持续极为漫长的时间——直到宇宙中所有的质子都衰变成更小的粒子，使得我们以及一切实质性的东西无法再以物质形态存在为止。按照普林斯顿大学物理学家J·理查德·戈特（J. Richard Gott）的计算，这个令人失望的里程碑事件肯定会在10^{64}年后发生，最快则可能会缩短至10^{34}年后。这一遥远未来的大事年表出自2016年出版的《欢迎来到宇宙》（*Welcome to the Universe*）一书。该书由他与尼尔·德格拉斯·泰森（Neil deGrasse Tyson）和迈克尔·施特劳斯（Michael Strauss）合著而成。

在很长很长一段时间里，宇宙都将由黑洞和粒子构成。从今天算起，10^{100}年之后，粒子将成为宇宙无可争议的王者。到那时，所有的黑洞都会消失，而它们强大的精髓会在亿万年内以辐射的形式一点一滴地慢慢流失，直到一干二净。被割了10^{100}刀，凌迟处死。（没错：黑洞并不完全黑暗。它们会散发出一种被称为霍金辐射（Hawking radiation）的辐射，之所以得此名是因为斯蒂芬·霍金早在1974年就预言了它的存在。）就把它称呼为霍金辐射吧。宇宙永远不会停下膨胀的脚步，不断制造出无穷无尽的黑暗边界，而看不见的微粒在从虚无奔向未知之境的征程中会从黑暗之中疾驰而过。这就是结局。（不管怎样，这就是主流观点。一些宇宙学家认为，在黑洞灭绝之前，剧烈的膨胀将在“大撕裂”（Big Rip）中把宇宙四分五裂，而另一些人则认为，衰老的宇宙可能会在寿终正寝之前遁入循环而重生。）

你可能会认为这一小段令人沮丧的描述荒唐可笑或毫无意义。既然人类几乎没有可能会存活那么久，何苦去推测数十亿、数万亿或10^{64}亿年后我们如何艰难求生呢？毕竟，化石记录显示，哺乳动物类物种的平均存活年限仅为几百万年，而智人似乎还在明显低于平均值的轨迹上蹒跚而行。尽管迄今为止我们只有20万年左右的历史，然而我们可能已经走上了一条通往灭亡的道路。

我明白了。以上论点都是合理有效的。可是，为什么不为自己想象出一个更光明、更大胆的未来呢？也许，如果我们认为确实可能的话，我们可以成为传说中的灰人，每当那些喜欢待在家里的外星人抬头凝视着本星球充满异域风情的夜空时，他们就会对我们感到好奇：“他们在哪儿呢？他们会来这里吗？”

如果我能向与我们相隔距离以光年计的宇宙亲属发出回复，我会在信中写道：小家伙们，我们就在这里，被困在这颗叫做地球的岩质行星上——但希望我们不会被困太久。

参考书目

Achenbach, Joel. Captured by Aliens: The Search for Life and Truth in a Very Large Universe. New York: Simon and Schuster, 1999.

Adams, Douglas. The Hitchhiker's Guide to the Galaxy. London: Pan Books, 1979.

Brin, G. D. "The Great Silence: The Controversy Concerning Extraterrestrial Intelligent Life." Quarterly Journal of the Royal Astronomical Society 24 (1983): 283–309.

Conway Morris, Simon. The Runes of Evolution: How the Universe Became Self-Aware. West Conshohocken, PA: Templeton Press, 2015.

Crowe, Michael J. The Extraterrestrial Life Debate, 1750–1900. Cambridge: Cambridge University Press, 1986.

Davies, Paul. The Eerie Silence: Renewing Our Search for Alien Intelligence.

New York: Houghton Mifflin Harcourt, 2010.

Everett, Allen, and Thomas Roman. Time Travel and Warp Drives: A Scientific Guide to Shortcuts through Time and Space. Chicago: University of Chicago Press, 2011.

Gould, Stephen Jay. Wonderful Life: The Burgess Shale and the Nature of History. New York: W. W. Norton, 1989.

Krauss, Lawrence. The Physics of Star Trek. New York: Basic Books, 1995.

Krissansen-Totton, J., et al. "Disequilibrium Biosignatures over Earth History and Implications for Detecting Exoplanet Life." Science Advances 4, no. 1 (2018). DOI: 10.1126/sciadv.aao5747.

Losos, Jonathan. Improbable Destinies: Fate, Chance, and the Future of Evolution. New York: Riverhead Books, 2017.

McKay, D., et al. "Search for Past Life on Mars: Possible Relic Biogenic Activity in Martian Meteorite ALH 84001." Science 273 (1996): 924—930.

Pinker, Steven. The Better Angels of Our Nature: Why Violence Has Declined.

New York: Viking, 2011.

Russell, D. A., and R. Séguin. "Reconstruction of the Small Cretaceous Theropod Stenonychosaurus inequalis and a Hypothetical Dinosauroid."

Syllogeus 37 (1982): 1—43.

Sagan, C., and E. E. Salpeter. “Particles, Environments, and Possible Ecologies in the Jovian Atmosphere.” Astrophysical Journal Supplement Series 32 (1976): 737—755.

Sawyer, Kathy. The Rock from Mars: A Detective Story on Two Planets. New York: Random House, 2006.

Schulze-Makuch, Dirk, and David Darling. We Are Not Alone: Why We Have Already Found Extraterrestrial Life. Oxford: Oneworld, 2010.

Shermer, Michael. Why People Believe Weird Things: Pseudoscience, Superstition, and Other Confusions of Our Time. New York: Henry Holt and Company, 1997.

Shostak, Seth. Confessions of an Alien Hunter. New York: National Geographic Books, 2009.

Shostak, S., and I. Almar. “The Rio Scale Applied to Fictional SETI Detections.” IAA-02-IAA.9.1.06, 2002, http://www.setileague.org/iaaseti/abst2002/rio2002.pdf.

Solomon, Scott. Future Humans: Inside the Science of Our Continuing Evolution. New Haven, CT: Yale University Press, 2016.

Taylor, Travis, and Bob Boan. Alien Invasion: How to Defend Earth. Wake Forest, NC: Baen, 2011.

Tegmark, Max. “Parallel Universes.” Pp. 459–491 in Science and Ultimate Reality: Quantum Theory, Cosmology and Complexity. Cambridge:

Cambridge University Press, 2004.

Tyson, Neil deGrasse, Michael A. Strauss, and J. Richard Gott. Welcome to the Universe: An Astrophysical Tour. Princeton, NJ: Princeton University Press, 2016.

Vardanyan, M., et al. “Applications of Bayesian Model Averaging to the Curvature and Size of the Universe.” Monthly Notices of the Royal Astronomical Society: Letters 413, no. 1 (2011): L91–L95.

Webb, Stephen. If the Universe Is Teeming with Aliens, Where Is Everybody? 75 Solutions to the Fermi Paradox and the Problem of Extraterrestrial Life, 2nd ed. New York: Springer, 2015.

Weintraub, Alan. Religions and Extraterrestrial Life: How Will We Deal with It? New York: Springer, 2014.

Wheeler, John A., with Kenneth Ford. Geons, Black Holes, and Quantum Foam: A Life in Physics. New York: W. W. Norton and Company, 1998.

Zubrin, Robert, with Richard Wagner. The Case for Mars. New York: Free Press, 1996.

鸣　谢

如果没有来自许多人的帮助和支持，这本书是不可能完成的。我对他们所有人都充满感激之情。 首先必须提到的，是那些从百忙中抽出时间与我谈论曲速引擎、外星人性生活等话题的科学家、工程师、政策专家、美国宇航局官员等人。由于人数太多。此处无法一一列出。不过，在整本书里他们的名字随处可见。

贾弗林（Javelin）文稿代理公司的马特·拉蒂默（Matt Latimer）和迪伦·科利根（Dylan Colligan）播下了本书的种子，并全程培育它成长。桦榭出版集团对我寄予厚望，努力改进《穹顶之外》的质量，特别是约束我最糟糕的冲动[1]。感谢为本书付出辛劳的整个桦榭团队——格蕾

① 你难以想象我在初稿里做了多少脚注。

琴·扬(Gretchen Young)、凯瑟琳·斯托帕(Katherine Stopa)、亚斯明·马修(Yasmin Mathew)、琳达·杜金斯(Linda Duggins)和乔·贝宁凯斯(Joe Benincase)。

卡尔·泰特(Karl Tate)也为《穹顶之外》的改进做出了贡献，他绘制的插图为本书注入了生气。他还将手稿中需要完善的那部分内容标记了出来，这些内容要么逻辑过于混乱，要么思路过于不清晰。我非常感激他们。

同样的感谢也要送给我在Space.com的同事，尤其是主编塔里克·马利克(Tariq Malik)。在我写作本书期间，他是如此的善解人意和通融随和。和我一样，塔里克也是一个恶搞双关语的爱好者，关于土星卫星“土卫二”(Enceladus)的读音，他告诉了我一个替代发音，我请读者在脑海中读一遍:“Enchiladas。”②

我的家人一直非常支持我，无论我干了什么反常的举动，比如说，跟踪响尾蛇穿越亚利桑那沙漠，以及在新闻行业大量裁员之时成为一名记者。妈妈、爸爸、莎拉、罗伯、泰勒、佩顿和杰克：衷心感谢你们为我所做的一切。我爱你们。

还有泰迪：我把最深的感激最后留给你。我爱你，小熊。你是我的心肝宝贝。

② 译注：“Enchiladas”是一道墨西哥特色美食，中文译名为“安其拉达”，用玉米卷裹什锦蔬菜与肉馅，再填入红色的辣酱制成。

图书在版编目（CIP）数据

穹顶之外 ：外星人生命、反物质和人类太空旅行的科学指南 ：供宇宙奇想者参考 /（美）迈克尔·沃尔博士著 ；张兵译. —长沙 ：湖南科学技术出版社，2021.12
ISBN 978-7-5710-1052-2

Ⅰ. ①穹… Ⅱ. ①迈… ②张… Ⅲ. ①天文学—普及读物 Ⅳ. ①P1-49

中国版本图书馆 CIP 数据核字(2021)第 124929 号

QIONGDING ZHI WAI : WAIXINGREN SHENGMING、 FANWUZHI HE RENLEI TAIKONG LÜXING DE KEXUE ZHINAN
(GONG YUZHOU QIXIANGZHE CANKAO)

穹顶之外 ：外星人生命、反物质和人类太空旅行的科学指南
（供宇宙奇想者参考）

著　　者：[美] 迈克尔·沃尔博士
译　　者：张兵
出 版 人：潘晓山
责任编辑：刘　英　李　媛
出版发行：湖南科学技术出版社
社　　址：长沙市芙蓉中路一段 416 号泊富国际金融中心
网　　址：http://www.hnstp.com
邮购联系：0731-84375808
印　　刷：长沙鸿和印务有限公司
（印装质量问题请直接与本厂联系）
厂　　址：长沙市望城区普瑞西路 858 号
邮　　编：410200
版　　次：2021 年 12 月第 1 版
印　　次：2021 年 12 月第 1 次印刷
开　　本：880mm×1230mm　1/32
印　　张：6.75
字　　数：132 千字
书　　号：ISBN 978-7-5710-1052-2
定　　价：68.00 元